青海省昆仑英才·教学名师项目
青海大学教材出版基金 资助

动物医学实验技术——临床兽医学

张勤文 卢福山 窦全林 高 磊 编

科学出版社
北 京

内 容 简 介

动物医学专业全面普及五年制教育后，提高学生自主学习能力和实践能力成为教学活动的重点。本书紧密围绕动物医学专业本科生培养目标，并从加强学生实践操作技能的角度出发，详细介绍了动物医学专业临床兽医学相关课程学习中需要学生掌握及了解的实验基本理论和操作要领。

本书主要包括两部分：临床兽医学实验基本操作和临床兽医学实验指导。临床兽医学实验基本操作主要介绍动物医学专业本科生学习临床兽医学相关课程时必须要掌握的实验操作规范。此部分主要讲述学生需要了解和掌握的基础实验、专业实验和综合实验环节的实验方法、基本技能的操作技术规范，以期给学生传授正确的实践操作技能，培养和提高学生的实验能力。临床兽医学实验指导主要介绍动物医学专业本科生学习临床兽医学相关课程时的实验指导，其主要内容有兽医临床诊断学实验指导、兽医外科学实验指导、兽医产科学实验指导，使学生对动物医学专业的实验课程模块有深入的了解，并通过系统实验训练，更好地理解和掌握理论知识，为兽医临床诊疗打下坚实的基础。

本书的编写充分考虑了多学科、多层次的教学要求，内容设置围绕动物医学、动物科学、生物技术等相关专业的人才培养目标，亦可供研究生参考使用。

图书在版编目（CIP）数据

动物医学实验技术. 临床兽医学 / 张勤文等编. -- 北京：科学出版社, 2024.6. -- ISBN 978-7-03-078805-4

Ⅰ. S85-33

中国国家版本馆 CIP 数据核字第 2024CL7035 号

责任编辑：丛　楠　林梦阳 / 责任校对：严　娜
责任印制：赵　博 / 封面设计：无极书装

科学出版社 出版
北京东黄城根北街 16 号
邮政编码：100717
http://www.sciencep.com

固安县铭成印刷有限公司印刷
科学出版社发行　各地新华书店经销

*

2024 年 6 月第 一 版　　开本：787×1092　1/16
2025 年 1 月第二次印刷　　印张：10 1/2
字数：230 000

定价：42.00 元

（如有印装质量问题，我社负责调换）

前　言

《动物医学实验技术——临床兽医学》是青海大学获批的国家级一流本科专业——动物医学专业建设的重要成果之一，也是青海大学动物医学专业教学团队经过不断探索与实践的结果。

现有的实验指导书大多地域特色明显，如南方地区以介绍猪、禽病为主，沿海地区关于鱼病的内容较多，而西北地区以介绍牛、羊病为主，且由于地处高原，教学过程中实验动物也以牦牛和藏羊为主。因此为了加强学生实践技能的锻炼和培养，提高教学质量，适应教学改革与发展对高素质人才的需求，我们借助青海大学动物医学国家级一流本科专业建设的契机和青海大学教材建设出版基金，组织动物医学相关专业的教授和专家编写了本书，以期能为动物医学专业学生临床兽医学课程实践教学提供参考和借鉴。

本书紧密围绕培养目标，着重向学生介绍动物医学专业临床课程学习中需要掌握及了解的实验基本理论和操作要领，重点突出，文字精练规范，内容充实，有较高的实用价值。对于学生验证和巩固基本理论及基础知识，深化并拓展对理论知识的理解具有重要作用。

本书的编者都是从事动物医学相关专业的学者，具有丰富的实践经验，并在某一方面有所专长。本书内容深入，涉及全面，因此起着教科书、参考书和工作手册的作用，对促进学生实践技能的培养和操作技能的提高大有帮助。

本书在编撰出版过程中，得到了青海大学教务处的大力支持，也得益于青海省昆仑英才·教学名师项目和青海大学教材出版基金的资助，刘祥先生为本书提供了封面图片，在此一并表示衷心的感谢。编写过程难免有疏漏之处，望读者批评指正。

张勤文

2024 年 3 月于西宁

目 录

第一篇 临床兽医学实验基本操作

第一章 兽医临床诊断学实验基本操作····················2
- 第一节 临床实习基础和基本诊断法····················2
- 第二节 一般检查····················8
- 第三节 循环系统的临床检查····················13
- 第四节 呼吸系统的临床检查····················15
- 第五节 胃管投送技术····················19
- 第六节 消化系统的临床检查····················21
- 第七节 直肠检查····················25
- 第八节 泌尿和生殖系统检查····················27
- 第九节 导尿术····················29
- 第十节 神经系统的临床检查····················30
- 第十一节 动物给药法····················32
- 第十二节 尿液检查····················38

第二章 兽医外科学实验基本操作····················44
- 第一节 手术器械的使用及常用敷料的制作····················44
- 第二节 手术前麻醉····················47
- 第三节 缝合与打结····················53
- 第四节 断角术····················56
- 第五节 圆锯术····················57
- 第六节 羊多头蚴包囊摘除术····················58
- 第七节 气管切开术····················59
- 第八节 食管切开术····················60
- 第九节 颈静脉部分切除术····················61
- 第十节 肋骨切除术····················62
- 第十一节 腹壁切开术····················62
- 第十二节 肠切开与肠切除术····················64
- 第十三节 瘤胃切开术····················68
- 第十四节 公马、公牛、公羊去势术····················71
- 第十五节 母猪卵巢摘除术····················73
- 第十六节 创伤的检查、诊断与治疗····················74
- 第十七节 跛行诊断····················74

第三章 兽医产科学实验基本操作····················76
- 第一节 未孕母畜生殖系统的直肠检查····················76
- 第二节 奶牛的发情鉴定技术····················81

第三节　妊娠的超声诊断 ··· 87
　　第四节　牛的妊娠诊断 ··· 90
　　第五节　手术助产器械及其使用 ··· 95
　　第六节　剖腹产手术 ··· 99
　　第七节　乳房炎实验室诊断 ··· 100
　　第八节　精液品质检查 ··· 103

第二篇　临床兽医学实验指导

第四章　临床诊断学实验指导 ··· 110
　　实验一　动物的接近与保定 ··· 110
　　实验二　临床基本诊断法 ··· 111
　　实验三　一般检查 ·· 112
　　实验四　体温、脉搏和呼吸数的测定 ····································· 114
　　实验五　心血管系统的临床检查 ··· 115
　　实验六　呼吸系统的临床检查 ·· 116
　　实验七　马属动物消化系统临床检查 ······································ 117
　　实验八　反刍动物消化系统临床检查 ······································ 118
　　实验九　胃管投送技术 ··· 119
　　实验十　直肠检查 ·· 119
　　实验十一　泌尿系统检查 ·· 120
　　实验十二　生殖系统临床检查 ·· 121
　　实验十三　神经系统临床检查 ·· 122
　　实验十四　采血技术 ·· 124
　　实验十五　注射法 ·· 125
　　实验十六　兽医处方的开具与书写 ··· 127

第五章　兽医外科学实验指导 ··· 130
　　实验一　手术器械辨认、使用方法及敷料制作 ························· 130
　　实验二　术前准备 ·· 131
　　实验三　麻醉 ··· 132
　　实验四　施术动物术前准备 ··· 133
　　实验五　缝合 ··· 134
　　实验六　打结 ··· 136
　　实验七　电化教学（手术基础、脑包虫病的发生与摘除手术等） ··· 136
　　实验八　肋骨切除术 ·· 137
　　实验九　食道切开术 ·· 138
　　实验十　瘤胃切开术 ·· 138
　　实验十一　颈静脉切除术 ·· 139
　　实验十二　气管切开术 ··· 140
　　实验十三　肠切开与肠切除术 ·· 141
　　实验十四　腹腔切开术 ··· 141
　　实验十五　犬、猫剖腹产术 ··· 142

实验十六　犬、猫膀胱切开术 ………………………………………………………………… 143
　　实验十七　犬、猫尿道造口术 ………………………………………………………………… 145
　　实验十八　眼睑内翻矫正术 …………………………………………………………………… 146
　　实验十九　眼睑外翻矫正术 …………………………………………………………………… 147
　　实验二十　犬、猫的卵巢、子宫切除术 ……………………………………………………… 148
第六章　兽医产科学实验指导 …………………………………………………………………… 150
　　实验一　未孕母畜生殖系统的直肠检查 ……………………………………………………… 150
　　实验二　奶牛的发情鉴定技术 ………………………………………………………………… 151
　　实验三　妊娠的超声诊断 ……………………………………………………………………… 152
　　实验四　牛的妊娠诊断 ………………………………………………………………………… 153
　　实验五　手术助产器械及其使用 ……………………………………………………………… 154
　　实验六　剖腹产手术 …………………………………………………………………………… 155
　　实验七　乳房炎实验室诊断 …………………………………………………………………… 156
　　实验八　精液品质检查 ………………………………………………………………………… 157

第一篇 临床兽医学实验基本操作

第一章　兽医临床诊断学实验基本操作

第一节　临床实习基础和基本诊断法

病畜或实验动物的接近、捉取和保定是对其实施各项操作的基础，应采用合适的方法，接近、捉取和保定病畜或动物，并使其保持相对安静状态，再利用视、触、叩、听等基本检查方法检查后获得病畜或动物的各项特征指标，为临床诊断提供重要数据。

一、动物的接近

1. 接近动物前

1）在进行临床检查前，应先向畜主了解病畜或动物的性情，有无踢、咬、抵等攻击性行为。

2）接近病畜或动物前，先观察动物表现，有无惊恐、警觉或攻击性神态，不同动物在惊恐、警觉时表现不同，如马表现为竖耳、瞪眼等；牛表现为低头凝视；猪则表现为斜视、翘鼻、弓背、口中发出呼呼声；犬则表现为露齿低吼或吠叫等。为防意外发生，此时应由畜主先靠近病畜或动物，进行保定。

3）接近动物前，应以温和的口气与动物打招呼，并从其前方慢慢接近，严禁从动物后方突然接近。

2. 接近动物时　在畜主已经协助保定的前提下，检查人员应先用手轻抚病畜或动物，待其保持安静状态，然后再开始检查。在抚摸病畜或动物时，马、牛应抚摸颈、肩部位，犬、猫抚摸头顶、背部，猪则抚摸腹下部或腹侧部，用手轻轻搔痒可以使其安静。

3. 检查动物时　检查过程中，应将一手放于家畜或动物的鬐甲部或髋结节部，一旦家畜剧烈骚动抵抗时，即可作为支点向对侧推动并迅速离开，以防意外的发生，确保人畜安全。

二、动物保定

动物保定是所有动物实验和临床检查中最基本的技术，通常是指用人力、器械控制动物活动，以利于临床检查和操作，并确保人畜安全的措施。在保定过程中，要根据检查内容确定保定方式，尽可能做到方法安全、保定迅速、操作简便和良好保定。应遵循基本原则：做好个人安全与防护，防止对动物造成人为损伤，禁止粗暴对待动物。

1. 马属动物的保定

（1）鼻捻棒保定　先将鼻捻棒的绳环套在右手的前四指上，左手握住鼻捻棒的木柄端，右手轻拍马的额部，慢慢地由鼻梁抚摸至上唇，温和而敏捷地抓住上唇，将手腕上举，使绳环套于上唇上，随即用左手急速扭转鼻捻棒木柄，直至绳环扭紧后放松右手。

（2）耳夹保定　用左手拿耳夹，由马的右侧接近，用右手抓住右侧耳朵，左手从后方把耳夹夹在耳根部,然后用左手把持。保定左侧耳时以相反的动作进行,如被检马性情比较凶暴,则应先由助手把握住笼头,再行操作。

(3)前肢提举保定(以提举左侧前肢为例) 保定者面对马的尾部,站立于马的左前肢旁,左手按于鬐甲部,右手抚摸肩部,然后沿左前肢后缘向下,待手达到系部时,用力将马推向右侧,使马的重心略向右移,此时,乘势握住系部向上即可提起左前肢。必要时,保定者可用左肩部紧靠马的左肩部,由左、右手共同紧握马系部置于大腿上,或者用绳套套在前肢系部,于鬐甲部附近的背部将绳绕到对侧,将绳端自马右侧腋窝处向前绕过上臂部,抽紧并提举,使前肢屈曲,向后拉紧或缚于上臂部。

(4)后肢提举保定(以提举左后肢为例) 由马左侧接近,面对马的尾侧,由前到后抚摸背部,到达臀部时,将左手按于髋结节处,右手沿左后肢侧方自上而下抚摸至系部,此时左手用力将马向对侧猛推,右手紧握系部并将其举起,左腿跟随向前伸出,以托住马左腿球节,两手紧握系部即可,必要时可将马尾绕于系部。

(5)柱栏保定 二柱栏保定:将马牵拉使其靠近二柱栏的左侧,缰绳拴系在横梁前端的铁环上,再将脖绳系于柱上,最后缠绕围绳,吊挂胸腹带。

四柱栏保定:将四柱栏活动横梁按需要保定马的高度调至胸部 1/2 水平线位置,同时按马胸部宽度调整横梁间的间距。将马牵入四柱栏,上好前后保定绳即可保定。此法适用于临床一般检查和治疗时的保定。

六柱栏保定:六柱栏的胸带装好、尾带备好后,将马从两后柱间牵入,待马进入六柱栏后立即装上尾带,并把缰绳拴在门柱的金属环上。此时马既不能进也不能退。必要时加装腹带。此法可用于一般检查、临床治疗及个别手术过程。检查或治疗完成后,解开缰绳和胸带,马自前栏间牵出。

2. 牛的保定

(1)徒手保定 保定者面向牛头部站在颈侧方,如在右侧,则用左手握住右侧牛角根,另一手提鼻绳、鼻环或用拇指、食指与中指捏住鼻中隔,并将头略向上提即可。此法可用于一般检查、灌药、肌肉及静脉注射。

(2)牛鼻钳保定 按徒手保定法先握住鼻中隔,然后用牛鼻钳经鼻孔夹紧鼻中隔,用手握持钳柄加以保定。夹住鼻中隔后,立即将牛鼻钳抬高即可。此法可用于一般检查、灌药、肌肉及静脉注射。

(3)两后肢保定 将绳在飞节上方绑住两后肢。此法可用于恶癖牛的一般检查、静脉注射,以及乳房、子宫、阴道疾病的治疗。

(4)角柱保定 将牛的头略抬高,使牛的额部紧贴于木桩或树干,用绳在两角根及木桩上做"8"字形捆绑进行保定。

(5)柱栏保定 见马的柱栏保定。

3. 羊的保定

(1)头颈部保定 羊性情温顺,不需要特殊保定,徒手固定其头颈部即可完成保定。可先抓住其一后肢的跗关节或跗前部,羊即被控制后两手握住其角,保定头部或将羊颈夹于保定者两腿之间,同时用手固定头部即可,也可骑跨在羊身并以大腿内侧夹住羊两侧胸壁。此法可用于临床检查、治疗时的保定。

（2）侧卧保定　　体格较大的羊可侧卧保定，保定者站在羊左侧，然后一手提起羊的右后肢，另一手抓住羊的右侧膝皱褶，保定者用膝抵住羊的臀部。用力提拉羊的膝皱褶，在另一手的配合下将羊放倒，捆住四肢。

4. 猪的保定

（1）鼻捻子保定　　先抓住猪耳、猪尾或后肢，然后做进一步保定。一手握鼻捻子沿猪鼻端滑下，套入上颌犬齿后面并勒于木桩上，此时，猪多呈用力后退姿势。此法适用于一般的临床检查、灌药和注射等。

（2）抓耳提举法　　保定者用腿夹住猪的胸侧，两手抓住猪两耳，迅速提举，用力将头及前躯一并提起，使猪腹部朝前。此法用于胃管投药及肌肉注射。

（3）后肢提举法（猪倒立保定）　　保定者用腿夹住猪的胸侧，两手抓住猪两后肢，迅速提举，用力将臀部及后躯一并提起，使猪臀部和腹部朝前裸露。幼龄猪固定时，可抓住两条后腿吊起，使其趴伏于猪舍矮墙上，两前腿离地即可固定。此法用于小公猪去势、肛门和阴门检查等。

（4）侧卧保定法　　保定者站于猪左侧，然后左手抓住猪的右耳，右手抓住右侧膝部前皱褶，并向术者怀内提举放倒，然后将前后肢交叉，用保定绳在掌跖部拴紧固定。此法可用于大公、母猪去势，腹腔手术，耳静脉和腹腔注射。小母猪一般为右侧卧，小公猪为左侧卧。

（5）网架保定　　按 60~75cm 的宽度，用绳织成网床，将网架于地上，把猪赶到网架上后，抬起网架使猪的四肢离地悬空。也可用帆布吊兜进行固定，可根据猪的大小设计成一长方形的布兜，中央四层，四周八层，中央开五个口，以便插入四肢及排便。将布兜固定在木制固定架上，活动板上放便盆。如时间过长，可将活动板上升到猪可站立的高度，以减轻肢体的压力。

（6）保定架保定　　可将猪仰放在"V"形槽内进行固定，也可用木制三角固定架和帆布吊兜来固定小型猪。此法可用于前腔静脉注射及腹部手术等。

5. 犬的保定　　对未经驯服和调教的圈养犬保定前捉取时，可用特制的长柄铁钳固定犬的颈部，由助手将其嘴缚住。对驯服的犬，可从侧面靠近并轻轻抚摸其颈背部皮毛，用手将其抱住后根据不同要求进行保定。

（1）扎口保定　　扎口保定一般是为防止犬的咬伤，尤其是检查或治疗过程中，可能会引起犬疼痛反应的操作，都应扎口保定。方法是用 1m 左右的绷带（细绳）兜住犬的下颌，绕到上颌打一个结，再绕回下颌打第二个结，然后将布带引至头后颈项部打第三个结，并多系一个活结。此法适用于长嘴犬的保定。温顺犬扎口保定时，也可提前打一个 8 字结，将活结圈套住犬嘴，将绳的两游离端直接绕到脑后打结。短嘴犬的扎口保定比长嘴犬的扎口保定多一步操作，保定绳的一端留长，按长嘴犬的扎口保定方法在其后脑部位打结后，将留长的一端再从头顶绕到嘴部的绳圈处，穿过绳圈后再拉回脑后打结，以防止脱落。犬的扎口保定可用于一般检查。

（2）口笼保定　　犬口笼一般为皮革、塑料、金属丝或棉麻制成的口网，根据犬口部大小选择合适的口笼，将犬嘴套住，再将其上的带子绕过耳后在脑后部扎紧或扣牢。

（3）侧卧保定　　先将犬做扎口保定，然后两手分别握住犬两前肢的腕部和两后肢的跗部，将犬提起横卧在平台上，以右臂轻压犬的颈部，即可保定。可用于临床检查和治疗。

（4）犬站立保定　　保定者一只手臂从犬颈下绕过紧紧搂住犬的头部和颈部，另一只手从犬腹下绕过，手扣在其背部，保持犬站立姿势。

（5）犬坐式保定　　保定者一只手臂从犬颈下绕过紧紧搂住犬的头部和颈部，手指可抓住犬耳，另一只手从背部绕到前肢腋部，将犬身体拉近保定人员，轻压犬背部，使其保持坐姿。

（6）颈圈保定　　犬颈圈又称伊丽莎白圈，是一种在犬注射、手术等操作后，为防止其因舔注射部位或伤口造成自身损伤的一种保定装置。

（7）悬吊保定　　用帆布吊兜进行固定，将犬四肢插入帆布吊兜的四个开口中，头尾分别在前后露出，将帆布吊兜悬挂在高度合适的位置。

（8）保定台保定　　选择合适的犬保定台，将犬按操作需要进行保定。常用保定体位有仰卧位、侧卧位和俯卧位。

6. 猫的保定　　猫的保定大多与犬的保定方法相同，但猫警惕性高，动作快，抓猫前轻摸猫的脑门或抚摸猫的背部以消除敌意，然后用右手抓起猫颈部或背部皮肤，迅速用左手或左小臂抱猫，同时用右手抚摸其头部，这样既方便又安全；如果捕捉小猫，只需用一只手轻抓颈部或腹部即可。

猫袋保定法：猫袋为厚布、人造革或粗帆布缝制而成的与猫身等长的圆筒状保定袋。布的两侧缝上拉链或可以收紧的带子，将猫装进去后，拉上拉锁或收紧带子，以便于检查，此时拉住露出的猫的后肢可测量猫的体温，也可进行灌肠、注射等治疗措施。

三、临床检查基本方法

兽医临床检查基本方法主要包括问诊、视诊、触诊、叩诊、听诊和嗅诊。这些方法适用于任何动物和场所，方法简单，操作方便，可为临床检查提供大量可供参考的信息，对于准确判断病理过程具有较大帮助，是临床检查过程中最基本的方法。

1. 问诊　　问诊是检查者通过询问的方式向畜主、宠主或相关人员调查、了解患病动物有关发病的基本信息和发病概况。其目的是为临床其他检查提供线索。问诊通常是临床检查者进行其他检查前先要进行的一项工作，通过问诊可以得到第一手诊疗资料，对其他诊断具有指导意义。

（1）问诊的主要内容

1）病例基本信息：主要了解患病动物个体特征，包括动物品种、性别、年龄、体重等。此外还应了解畜主或宠主姓名和联系方式，为后期及时沟通提供通畅方式。

2）主诉病史：通过询问了解畜主掌握的患病动物特征（如饲养管理方式、饲料、饮水等）及患病情况，有无既往病史，是否进行过治疗等信息。

3）发病情况：了解本次发病的时间、地点、发病经过及主要表现，畜主是否采取了相应的处理及有无效果。

（2）问诊的基本方法　　与畜主或宠主的沟通尽量创建一个轻松、和谐的环境，避免畜主或宠主因不安情绪造成表述不清；尽可能让畜主或宠主充分阐述所有可提供给检查者的信息，尤其是一些可能会被忽略或遗漏的细节；问诊时，应尽量用通俗易懂的语言，和蔼的态度与畜主或宠主进行沟通；问诊要注意系统全面，避免盲目性。

问诊过程中记录有效信息，建立病历，病历应严格按照兽医诊疗机构病历管理规定执行，院方和检查者有责任和义务为畜主或宠主保密。

2. 视诊 分为用肉眼直接观察的直接视诊与利用简单器械（如额戴反光镜、口腔镜等）的间接视诊两类。借助视诊，可了解病畜的一般状况，判明局部病变的部位、形状和大小。

（1）**直接视诊** 一般先不要接近病畜，也不宜进行保定，应尽量使病畜保持自然的姿势。视诊时，检查者从病畜左前方 1.0～1.5m 处开始，先观察其全貌，注意其精神状态、营养状况、体格发育情况、姿势等。然后由前向后，从左到右，边走边看，逐一观察头部、颈部、胸部、腹部、脊柱、四肢、被毛及皮肤。当走到病畜正后方时，应稍停片刻，除检查肛门、尾及会阴部以外，还必须对照观察两侧胸部、腹部及臀部是否有异常，最后绕到前方。如发现异常时，可由右前方返回左前方，再进行检查。为了观察运动时的步态，可进行牵遛运动。

（2）**间接视诊** 借助于器械的视诊，根据检查内容做适当保定后进行。

注意事项：无论直接视诊还是间接视诊，都应注意视诊前使病畜稍做休息，待呼吸平稳，适应环境后进行检查。检查时应尽量在有充足光线的场地中进行。检查应全面仔细，切忌根据视诊所见就妄下诊断，应结合其他检查结果进行综合分析与判断。

3. 触诊 触诊是检查者通过触摸或按压动物身体不同部位，判定病变的位置、大小、硬度、形状、温度和敏感性等表现，以推断疾病的位置和性质。触诊可分为体表触诊和深部触诊。

（1）**体表触诊** 对体表病变部位或病变可疑部位用手触摸以判断其弹性、湿度、硬度、敏感性及紧张性。触诊时，一手放在畜体上作支点，另一手先轻后重，先边缘后中心地触摸患部，以判断其病变，如皮肤检查、浅表淋巴结检查等。

（2）**深部触诊** 通常通过按压、冲击、切入等方式，对深部组织改变进行探查。

按压触诊法：以手掌平放于被检部位（常为胸腹壁），轻轻按压，以感知其内容物的性状与敏感性，如瘤胃蠕动检查等。

冲击触诊法：以拳或手掌在被检部位连续 2～3 次用力地冲击，以感知腹腔深部器官的性状与腹壁的状态，如瘤胃检查等。

切入触诊法：以并拢的手指用力深入触压，以感知局部状况和确定痛点，如肾脏检查等。

注意事项：触诊时因对动物敏感或疼痛部位进行检查，可引起动物的不适反应，因此触诊时为保证人畜安全，可进行保定检查。检查时应从健康区或健康一侧开始，然后移向病区或病侧，先轻后重，并作病区与健康区的对比。

4. 叩诊 叩诊是检查者用手指或借助器械对动物体的检查部位进行叩击，根据产生的音响和性质，来推断内部病理变化或某器官投影轮廓。叩诊可分指指叩诊法与槌板叩诊法。

（1）**指指叩诊法** 左手食指或中指放在检查部位，并密贴皮肤。右手中指第二指节呈直角弯曲，以适当力量向左手食指或中指第二指节上敲打，适用于犬、猫及羊等体型较小动物。

（2）槌板叩诊法　左手持叩诊板，放在检查部位，右手持叩诊槌，向叩诊板上行短而急地敲打，通常连续2～3次。叩诊力量大小，因组织厚薄、叩打目的而不同。对肥胖动物或深在病灶及比较叩诊，行强叩诊；对病灶浅表及定界叩诊时，行弱叩诊。

（3）叩诊音　健康动物体表的正常叩诊音有5种，其特性见表1-1。清音，叩击含气量多、弹性强的组织器官而发出的音响，如肺脏。鼓音，叩击含气体较多的、较大的空腔器官而发出的音响，如盲肠基底部或瘤胃上部。浊音，叩击含气量少、弹性小的肌肉组织或实质器官而发生的音响，如臀部。过清音，叩击含气量多、无弹性的空腔器官而发出的音响，如额窦。半浊音，介于清音和浊音之间，如肺脏的边缘，即心脏的相对浊音区。

表1-1　叩诊音的特性

声音特性	基本叩诊音			过渡叩诊音	
	清音	鼓音	浊音	过清音	半浊音
音调	低	低或高	高	较低或较高	较高
强度	强	强	弱	较强	较弱
持续时间	长	长	短	较长	较短
音色	非鼓性	鼓性	非鼓性	鼓性或非鼓性	非鼓性

在病理情况下，因组织器官含气量、密度或位置发生改变，叩诊音的特性也随即发生改变，从而判断组织器官的病理变化和机能障碍。

注意事项：叩诊应在安静的室内进行。露天叩诊，常因周围的嘈杂声影响效果。叩诊板或作为叩诊的手指应紧贴于叩诊部位，但勿过度施压；叩诊指或叩诊槌击打的方向要与作为叩诊的手指或叩诊板垂直。叩诊时宜用腕力。发现异常叩诊音时，应与健康侧对照。

5. 听诊　听诊是借助听诊器或直接用耳听取机体内脏器官活动过程中发出的声音，并判断声音的性质特点，判断其疾病特征的一种方法。听诊可分直接听诊和间接听诊。

（1）直接听诊　先在听诊部位垫一薄布，检查者的耳朵密贴体表，听诊左侧前部脏器时，用右耳，右手放在鬐甲部；听诊后部脏器时，面向尾部，用左耳，左手放在背部。右侧与此相反，适于大动物胸、腹部听诊。

（2）间接听诊　利用听诊器进行听诊。检查者一手放在鬐甲部、背部或髋结节处作支点。另一手拇、食、中三指持听诊器，密接动物听诊部位的体表进行听诊。

注意事项：听诊前应检查听诊器，注意接头有无松动，胶管有无老化、破损或堵塞；一般应选择安静的室内进行听诊，如必须在室外，也尽量选择相对安静处或避风处；听诊器的耳塞应适宜地插入检查者的外耳道，听诊器集音头应紧密地放在体表的检查部位；听诊器的胶管应避免与衣服、手臂或动物体表接触，以防产生干扰杂音；被毛的摩擦是最常见的干扰因素，要尽量避免，必要时可将其润湿；听诊时要注意动物状态，避免因动物惊恐、颤抖产生杂音影响听诊效果。

6. 嗅诊 嗅诊是根据呼出的气体、分泌物和排泄物的气味来判定疾病的方法。嗅诊时检查者用手轻轻扇动，将气味扇向自己的鼻部，仔细判断气味的特点与性质。临床检查通常用嗅诊检查汗液、呼出气体、呕吐物、粪便、尿液及其他分泌物。

通常一些特殊气味对于临床诊断具有指导意义。例如，呼出气体有大蒜味，见于有机磷中毒；有烂苹果味，见于奶牛酮病；皮肤或汗液有尿臭味，见于尿毒症。

第二节 一般检查

临床一般检查主要是在问诊的基础上，运用视诊、触诊、叩诊、听诊和嗅诊等方法，对待检动物进行的检查，在此过程中，通过一般检查主要了解和掌握动物全身状态、被毛和皮肤、可视黏膜、浅表淋巴结，以及体温、脉搏、呼吸等指标特征。

一、全身状态检查

着重观察家畜的精神状态、体格发育、营养状况、姿势和步态。

1. 精神状态 动物的精神状态是中枢神经系统功能活动的外在体现，根据动物对外界环境刺激的反应情况来进行判定。临床观察主要注意动物的面部表情，眼、耳、尾和四肢的动作，以及对呼唤、刺激的反应。健康动物姿势自然，两眼有神，对外界刺激能迅速做出反应，动作敏捷而协调，反应灵活。患病状态下，其主要表现为兴奋和抑制两种异常状态。

2. 体格发育 动物体格发育主要体现骨骼和肌肉的形状和发育程度，其常受遗传、内分泌、营养和饲养管理等因素影响。在临床检查中主要注意骨骼与肌肉的发育程度，以及躯干各部发育的相互比例关系。必要时可利用测量工具对常见解剖学指标（如体高、体长、体斜长、胸围、管围和体重等）进行测量。

体格描述通常有体格强壮、体格中等和体格纤弱三个指标，发育程度可分为发育良好、发育中等和发育不良。体格和发育存在一定关系。发育良好主要表现为骨骼优良，肌肉发达，胸深而宽，结构匀称；发育不良则表现为关节细弱，胸廓扁平，结构不匀称；发育中等介于发育良好和发育不良之间。

3. 营养状况 营养状况通常与饲养管理、消化吸收和机体代谢等因素相关，检查过程中主要根据肌肉的丰满程度，特别是皮下脂肪的蓄积量和被毛状态来判定，体重是反映营养水平的重要指标。通常描述营养状况的指标有营养良好和营养不良，有时也会有营养中等和营养过剩的描述。

（1）营养良好 肌肉丰满，皮下脂肪丰富，被毛光泽，躯体钝圆，骨骼不显，被毛平顺有光泽，皮肤富有弹性。

（2）营养不良 消瘦，肌肉和皮下脂肪菲薄，甚至无皮下脂肪，骨骼棱角显露，甚至可见肋骨，被毛粗乱无光泽，皮肤缺乏弹性。

（3）营养中等 介于营养良好与营养不良之间。

（4）营养过剩 主要表现为肥胖，体脂蓄积过多，超重明显，运动受限。

4. 姿势 主要观察动物在站立、躺卧等状态时其姿势特征。注意有无异常姿势及强迫姿势。常见的异常姿势有全身僵直、异常站立、站立不稳、异常躺卧等，如木马样姿势、观星姿势、劈叉姿势、犬坐姿势、祈祷姿势、前肢交叉姿势等。

5. 步态 主要观察动物在运动时其步态特征。注意有无跛行、步态不稳、运动不协调（蹒跚、摇摆）及其他异常步态。

二、被毛和皮肤检查

可通过视诊、触诊及嗅诊三种方法对被毛、皮肤和皮下组织进行检查。

1. 被毛检查 主要通过视诊观察被毛的光泽度、清洁度、完整性和牢固程度。但在换毛换羽季节，要注意其生理现象。

2. 皮肤检查 主要通过视诊、触诊和嗅诊进行检查。检查内容主要有皮肤颜色、温度、湿度、弹性、皮肤感觉及有无病理变化。

（1）皮肤颜色 无毛或少毛动物，通过体表视诊可观察与正常皮肤不同的颜色变化，对判断疾病类型有帮助意义。常见皮肤病理变化有充血、淤血和出血，均表现为颜色发红，但充血和淤血指压褪色，出血指压不褪色。

（2）皮肤温度 可将手背放在皮肤上，以测定其全身体表的温度是否均一。马属动物体温检测时，首先触诊耳根，其次为四肢及胸侧；在牛上，一般触诊鼻镜、角根、耳和四肢；在猪上，触诊鼻镜和耳朵；在禽类，可触诊肉髯。

（3）湿度 可在检查颜色和皮温的同时，通过视诊和触诊感知皮肤干湿度。

（4）弹性 用手揪出皮肤做出皱襞后再放开试验之。健康动物在放开后，皱襞迅速消失，皮肤立即恢复原状；而皮肤弹性下降时，则消失较慢。因此，临床上常把皮肤弹性降低作为判定脱水的指标之一。马属动物检查部位一般在颈侧，牛在最后的肋骨部，小动物在背部。判定标准：2～4s 恢复者，表明脱水 6%～8%；6～10s 恢复者，表明脱水 8%～10%；20～45s 恢复者，表明脱水 10%～12%。

（5）皮肤感觉 将手放在鬐甲部、背部或鼠蹊部以试验之，必要时以进行针刺，观察皮肤的抖动情况及动物的反应。

（6）皮肤病理变化 注意皮肤上或皮下有无疱疹、浮肿、气肿、脓肿、溃疡、结痂、瘢痕、寄生虫、肿瘤及其他皮肤完整性缺损的病理变化。

3. 皮下组织检查 皮下浮肿：表面扁平，突起于皮肤表面，与健康组织界限清楚，触诊有捏粉样感觉，指压留痕，压力去除后恢复较慢，炎性肿胀可有热、痛感，非炎性肿胀无热、痛感。

皮下气肿：肿胀，但病健交界部位不清，触诊时有捻发音，稍用力有向四周窜动的感觉。

皮下积液：外形多为圆形，触诊有波动感。时间较久的脓肿，可触摸到较硬的包囊囊壁。后期可进行穿刺检查。

三、眼结膜检查

检查眼结膜主要注意其颜色变化，有无肿胀和分泌物。

1. 马的眼结膜检查 检查左侧结膜时，以左手抓住笼头，右手中、无名及小指以眼眶上缘作支点，食指置于上眼睑中央的边缘处，向内上方稍施压迫，再用拇指拨开下眼睑，眼结膜和瞬膜即可露出。马的眼结膜正常颜色为粉红色。

2．牛的眼结膜检查　　一手握住鼻中隔向检查者方向牵引，另一手持角向另一侧用力推，如此使头转向侧方，即可露出巩膜，欲检查眼睑结膜时，可用大拇指将下眼睑翻开进行观察。牛的眼结膜正常颜色为淡粉红色。

3．其他动物的眼结膜检查　　检查猪、羊等中、小动物时，可用一手食指和拇指或两手拇指分别打开其上、下眼睑。羊、猪眼结膜较牛的深，且带有灰色。犬的正常颜色为淡红色。

注意事项：进行眼结膜检查时，尽量在自然光下进行检查，以免灯光对颜色的判断造成影响。检查时动作要快而轻柔，以防因操作手法粗暴而引起人为的变化。如发现病变应两侧对照。

四、浅表淋巴结

淋巴结是机体重要的免疫器官，构成机体的重要防线。当机体免疫反应剧烈时，淋巴结常表现为肿大和出血等变化，因此淋巴结检查是临床检查，也是食品卫生检疫和疾病诊断中必检的器官。检查浅表淋巴结，必须注意其大小、形状、硬度、温度、表面结构、敏感性与可移动性。

1．马常检查的浅表淋巴结

（1）下颌淋巴结　　位于下颌间隙后方之两侧，呈薄片分叶状，两侧腺体向前联合成"V"形。检查右侧时，左手握住笼头，右手4指插入下颌间隙，拇指与其余3指相对地沿下颌支内侧按压，即可触摸到同侧的下颌淋巴结，对侧以相反的手法进行检查。

（2）肩前淋巴结　　又称颈浅淋巴结，位于冈上肌前缘。手指在肩关节前方，沿冈上肌前缘用力插入组织中，前后滑动，即可感触到圆形而坚实的淋巴结在手下滑动。

（3）膝上淋巴结　　又称股前淋巴结，位于股阔筋膜张肌前缘的疏松组织中，约在髋结节与膝盖连线之中部。检查左侧时，站在家畜左方，面对尾部，左手放在腰部作支点，右手置于股阔筋膜张肌前缘，以手指滑动的方式前后移动，感到较坚实、上下伸展的椭圆形物体即是。对侧以相反的手法检查之。

（4）腹股沟浅淋巴结　　公马的腹股沟浅淋巴结如两个小球状物体，一个位于精索前方，阴茎背侧与腹壁之间，另一个在精索的后方，骨盆壁的腹面。触摸时马常反抗，应在妥善保定后再行检查。母马的腹股沟浅淋巴结又称乳房上淋巴结，位于乳房座后方与腹壁之间。触诊时必须先判定乳房座，然后在乳房座附近，用手把皮肤及皮下组织做成皱襞，可感到稍坚实的淋巴结在手下滑动。

2．牛常检查的浅表淋巴结　　牛常检查的浅表淋巴结为下颌淋巴结、肩前淋巴结、乳房上淋巴结，检查方法同马淋巴结检查。

3．猪常检查的浅表淋巴结　　猪常检查的浅表淋巴结为股前淋巴结和腹股沟淋巴结。

五、体温、脉搏和呼吸频率测定

体温、脉搏频率和呼吸频率是动物生命活动的重要生理指标。在静息状态下，这些值在一个较为恒定的范围内波动。在疾病过程中，这些指标发生不同程度和形式的变化，因此,临床检查时测定这些指标,对诊断疾病和分析病因有重要的指示意义。

1. 体温(T)的测定 动物身体不同部位的温度差异较大,通常分为核心温度和体表温度,家畜的体温通常指的是直肠温度,用兽用肛门体温计检查 3~5min,以℃表示,健康动物的体温见表1-2。

表1-2 健康动物的体温

动物种类	正常体温/℃	动物种类	正常体温/℃
马	37.5~38.5	绵羊	38.0~40.0
骡	37.5~39.0	山羊	38.0~40.5
驴	37.5~38.5	犬	37.5~39.0
奶牛	37.5~39.5	猫	38.5~39.5
水牛	36.0~38.5	兔	38.5~39.5
黄牛	37.5~39.0	狐狸	38.7~40.1
肉牛	37.5~39.0	鸡	40.5~42.0
骆驼	36.0~38.6	鹅	40.0~41.3
鹿	38.0~39.0	鸭	41.0~43.0
猪	38.5~39.5	鸽	41.0~43.0

(1)马属动物体温测定 由助手保定马的头部,检查者从左方接近马至侧后方,面对尾部,以左手在髋结节处作支点,右手提起马尾,向右方牵引,然后向前转到左侧将马尾交由左手,由左手牢固地压在左侧髋结节部。右手持体温计,先用指尖触动肛门,以免病畜惊慌,再将体温计向前上方慢慢旋转插入直肠内,最后将体温计夹固定在尾根处被毛上。

(2)牛体温测定 检查者站在牛的正后方,用左手提起牛尾,右手持体温计插入直肠(插入方法同马)。

(3)羊体温测定 羊站立保定,检查者在羊的正后方,用左手拉起羊尾巴,右手持体温计插入直肠(插入方法同马)。

(4)犬体温测定 检查前将体温计的插入端涂上润滑剂,犬站立保定后,一只手抬起犬的尾巴并用手握稳,另一手将体温计轻轻插入犬的直肠。

(5)猫体温测定 检查方法同犬。

(6)注意事项

1)测定家畜的体温时必须做适当保定,操作时谨慎小心,防止蹴踢和宠物抓咬。

2)体温计使用前,应将水银柱甩至35℃以下,用70%~75%乙醇或其他消毒液消毒,并涂润滑剂。用后要将体温计上的粪汁及黏液拭去后用酒精棉球消毒,并再次将水银柱甩至35℃以下,套上体温套,存放。

3)如发现体温过高或过低,应重复测温一次。

4)在插体温计时,应避免将体温计插入粪球内或粪球之间。

5)对骑乘或牵拉而来的病畜,或在烈日曝晒下的病畜应在阴凉处休息片刻后再行测温。

2. 脉搏频率(P)的测定 测定动物每分钟的脉搏次数,以次/min表示。不同种属动物脉搏测定的部位有所差异。健康动物的脉搏频率见表 1-3。

表 1-3　健康动物的脉搏频率

动物种类	脉搏频率/（次/min）	动物种类	脉搏频率/（次/min）
马	36～44	猪	60～80
骡	42～50	绵羊	70～80
驴	42～50	山羊	70～80
奶牛	60～70	犬	70～120
水牛	30～50	猫	110～130
黄牛	50～80	兔	120～140
肉牛	50～80	狐狸	85～130
骆驼	32～52	鸡（心率）	120～200
鹿	40～80	鸽（心率）	180～250

（1）马属动物脉搏检查

1）部位：颌外动脉。

2）方法：检查者站在马头左侧，右手握住笼头，左手拇指于下颌外侧，食指和中指深入下颌支内侧，在下颌支血管切迹处，前后滑动，触摸到脉管后，用指轻压即可感知脉搏。

（2）牛脉搏检查

1）部位：尾动脉。

2）方法：检查者站在牛的正后方，左手抓住牛尾并略抬起，右手拇指置于尾根部背侧，用食指和中指在距尾根 10cm 左右处尾的腹面检测脉搏。

（3）猪、羊及其他小动物

1）部位：后肢内侧股动脉。

2）方法：检查脉搏时，应在动物安静状态下测定。通常应检测 1min 以上。当脉搏过弱而不易感知时，可以心跳次数代替之。

3．呼吸频率（R）的测定　　测定每分钟的呼吸次数，以次/min 表示，健康动物的呼吸频率见表 1-4。一般可依据胸腹部起伏动作计数呼吸次数。检查者站立于病畜的侧方，注意观察其腹肋部的起伏，一起一伏为一次呼吸。在寒冷季节还可观察呼出的气流来测定。鸡的呼吸频率，可观察肛门下部的羽毛起伏动作来测定。

表 1-4　健康动物的呼吸频率

动物种类	呼吸频率/（次/min）	动物种类	呼吸频率/（次/min）
马	8～16	绵羊	12～30
奶牛	10～30	山羊	12～30
水牛	10～50	犬	10～30
黄牛	10～30	猫	10～30
肉牛	15～35	兔	50～60
骆驼	6～15	狐狸	15～45
鹿	15～25	鸡	15～30
猪	18～30	鸽	20～35

第三节 循环系统的临床检查

循环系统是动物体内运输营养物质和代谢废物的密闭管道系统,心脏有节律地舒缩,为血液循环提供源源不断的动力,血液中有大量的细胞因子和抗体,能吞噬、杀伤和灭活侵入体内的病原微生物。动物在不同疾病过程中,循环系统也会表现出不同特征,因此在临床检查时,可根据对心脏、大血管的检查,对疾病的诊断提供重要线索。

一、心脏的检查

1. 心搏动的视诊与触诊 待检动物保定后取站立姿势,使其左前肢向前伸出半步,以充分露出心区。检查者站于动物左侧方。视诊时,仔细观察左侧肘后心区被毛及胸壁的振动情况;触诊时,检查者一手(右手)放于动物的鬐甲部,用另一手(左手)的手掌,紧贴于动物的左侧肘后心区,注意感知胸壁的振动,主要判定其频率及强度。健康动物每次心室的收缩都会引起左侧心区附近胸壁轻微振动。

患病动物心搏动检查时常见的病理变化可表现为心搏动减弱、增强、移位。增强见于发热病初期、剧烈疼痛、贫血、心脏病代偿性和病理性肥大。减弱见于胸腔积液、心包炎、心内膜炎等,但应注意排除生理性的减弱。移位(前移)见于胃扩张、腹水、瘤胃臌气、膈疝等。右移见于左侧胸腔积液。

2. 心脏的叩诊 按前法保定。大动物宜用槌板叩诊法;小动物可用指指叩诊法。

1)按常规叩诊方法,沿肩胛骨后角向下的垂线进行叩诊,直至心区,同时标记由清音转变为浊音的一点;再沿与前一垂线呈 45°左右的斜线,由心区向后上方叩诊,并标记由浊音变为清音的一点,连接两点所形成的弧线,即为心脏浊音区的后上界。

2)健康动物心脏的叩诊区:马的检查部位为一不规则三角区,三角区顶点位于第 3 肋间肩关节水平线向下 3~4cm 处,从该点向后下方作一弧线,弧线底部位于第 6 肋间。牛在左侧第 3、第 4 肋间呈相对浊音区,且其范围较小。

3)病理变化可表现为心脏叩诊浊音区的缩小或扩大,扩大见于心扩张、心肥大(如心瓣膜病、心肌炎、心肌变性、过劳等)及心包炎;缩小见于肺气肿、肺水肿、胸腔积气等。

3. 心音的听诊 动物保定同前。一般用听诊器进行间接听诊。

(1)心音产生机理 第一心音:二尖瓣和三尖瓣突然关闭的声音、肺动脉瓣和主动脉瓣开启的声音及血液变速冲击血管壁的声音。第二心音:肺动脉瓣和主动脉瓣突然关闭的声音、二尖瓣和三尖瓣开启的声音及血液变速冲击血管壁的声音。当需要辨识不同瓣膜口心音的变化时,可按表 1-5 所列部位确定其最佳听取点。

表 1-5 牛、猪和犬心音的最佳听取点

动物种类	第一心音		第二心音	
	二尖瓣口音	三尖瓣口音	主动脉口音	肺动脉口音
牛	左侧第 4 肋间,主动脉口音听取点的下方	右侧第 4 肋骨上,胸廓下 1/3 的中央水平线上	左侧第 4 肋间,肩关节水平线下方 2~3cm 处	左侧第 3 肋间,肘头的稍上方

续表

动物种类	第一心音		第二心音	
	二尖瓣口音	三尖瓣口音	主动脉口音	肺动脉口音
猪	左侧第4肋间	右侧第3肋间	左侧第3肋间	左侧第2肋间
犬	左侧第4肋间	右侧第3肋间	左侧第3肋间	左侧第3肋间

区别第一与第二心音时，除根据上述心音的特点外，第一心音产生于心室收缩期中，与心搏动、动脉脉搏同时出现，第二心音产生于心室舒张期，与心搏动、动脉脉搏出现时间不一致。

（2）健康动物的心音特点　　黄牛第一心音明显，但其第一心音持续时间较短。猪心音较钝浊，且两个心音的间隔大致相等。犬心音清脆明亮，第一心音和第二心音大致相等。

（3）心音的病理变化　　心音的病理变化可表现为心率过快或过缓、心音增强或减弱、心音分裂或重复、出现心杂音、心音浑浊、心律不齐。

听诊心音时，主要应判断心音的频率、强度、性质及有无分裂、杂音或节律不齐。应遵循一般听诊的常规注意事项，当心音过于微弱而听不清时，可使动物做短暂的运动，并在运动之后听取。

二、脉管的检查

1. 动脉脉搏的检查　　大动物多检查颌外动脉或尾动脉；中、小动物则以股内动脉为宜。检查时，除注意计算脉搏的频率外，还应判定脉搏的性质（大小、软硬、强弱及充盈状态与节律）。正常的脉搏性质表现为脉管有一定的弹性，搏动的强度中等，脉管内的血量充盈适度，其节律表现为强弱一致、间隔均匀等。

在病理情况下脉搏从振幅大小、力量强弱、脉管壁紧张度及脉管内血液充盈程度判定。振幅过大（大脉）或过小（小脉），力量增强（强脉）或减弱（弱脉），脉管壁松弛（软脉）或紧张（硬脉），脉管内血液过度充盈（实脉）或充盈不足（虚脉）。脉搏节律不齐则表现为节律时间间隔不等，大小不一，强弱不定。

2. 浅在静脉的检查　　主要观察浅在静脉（如颈静脉、胸外静脉）的充盈状态及波动（主要为颈静脉波动）。一般营养良好的动物，浅在静脉管不明显；较瘦或皮薄毛稀的动物则较为明显。正常情况下，牛于颈静脉沟处可见随心脏活动而出现的自颈基部向上部反流的波动，其反流波不超过颈下部的1/3。

浅在静脉的病理表现有以下几种：浅在静脉的过度充盈，隆起呈绳索状；颈静脉波动高度超过颈下部的1/3。此外，还可见浅在静脉局部肿胀。

对颈静脉波动的性质，可于颈中部的颈静脉上用手指加压法鉴定，在加压之后，近心端及远心端的波动均消失是心房性（阴性）波动；远心端消失而近心端的波动仍存在为心室性（阳性）波动；近心端与远心端的波动均不消失并可感知深层颈动脉的过强搏动是伪性波动。颈静脉波动的区别见表1-6。同时还应参照波动出现的时期与心搏动及动脉脉搏的时间是否一致而综合判定。

表 1-6 颈静脉波动性质判定

	阴性波动	阳性波动	伪性波动
原因	心脏衰弱,右心瘀滞	三尖瓣闭锁不全	颈静脉波动过强
与心脏活动的关系	与心房收缩一致	与心室收缩一致	与心搏动一致
与动脉脉搏的关系	不一致	一致	一致
手指压迫颈静脉中部的效应	近心端及远心端的波动明显减弱	近心端仍波动,远心端的波动消失	近心端及远心端的波动均不消失
心动过速的影响	明显	明显	不明显

第四节 呼吸系统的临床检查

呼吸系统是动物与环境之间进行气体交换的器官系统。因与外界直接相通,容易受到外界环境因素和致病因素的直接作用引发病理改变,呼吸系统的检查,可为疾病的诊断,尤其是传染病的诊断提供重要依据。

呼吸系统的临床检查主要有上呼吸道的检查、胸廓的检查、呼吸运动的检查、胸部叩诊和肺部听诊几方面的内容。

一、上呼吸道的检查

上呼吸道检查主要进行鼻、喉和气管及咳嗽的检查,检查方法主要为视诊、触诊和嗅诊。

1. 鼻的检查 鼻是呼吸系统的起始部位,对吸入的空气有温暖、湿润和清洁作用,也是嗅觉器官。健康动物的鼻镜或鼻盘较湿润,触之有凉感。

(1)外观检查 动物患病过程中,可表现为鼻盘干燥,温度升高,严重时有龟裂、出血等现象。如发现动物鼻孔高度开张呈喇叭状,提示动物有呼吸困难。

(2)呼出气体的检查 健康动物呼出气体无异味,稍带温热感。发病动物常表现为呼出气体有较强热感,有时带有恶臭、腐败或烂苹果味等刺激气味。

(3)鼻液检查 注意动物有无鼻液。检查鼻液时,应注意鼻液的量、性状、排出时间、一侧还是两侧,以及有无混杂物。检查时常见浆液性、黏液性、脓性等分泌物。

(4)鼻黏膜检查 马的鼻孔宽大,鼻翼可活动,故鼻黏膜检查对于单蹄动物特别重要,且在马鼻疽的诊断上有重要意义。检查鼻黏膜时,应注意观察黏膜的颜色,有无肿胀、结节、水疱、溃疡、瘢痕等病变。马的鼻黏膜正常呈淡红色,略带浅蓝色,湿润有光泽,表面略带颗粒状,近鼻中隔处表面有点状凹陷。在鼻孔底部中央黏膜处有鼻泪管的开口。其他家畜的鼻黏膜呈淡红色。有的牛鼻孔附近的鼻黏膜上有棕褐色的色素。

马单手检查法:保定动物,使其头部向着光线,检查者站在马头左侧,右手握住笼头,左手沿鼻梁部抚摸至鼻端,用拇、中指握住鼻翼软骨并向上拉起,同时用食指挑起外侧鼻翼,即可暴露马的鼻黏膜。右侧以相反的手法操作。

马双手检查法:令助手保定动物,检查者左手拇、食、中三指握住鼻翼软骨,右手前三指握住外侧鼻翼,双手同时向外向上拉开,即可检查鼻黏膜。

其他动物：保定后将动物头抬起，使鼻孔对着光源进行视诊。

（5）副鼻窦的检查　　检查者站在动物正前方，先用视诊观察额窦与上颌窦的形状有无异常，再用触诊判定其温度、硬度及有无敏感性。然后用叩诊听取其叩诊音响。正常时为盒音或匣音。

额窦：由额骨、鼻骨后部和泪骨共同构成。其颜面部位置的确定方法为在眼眶前方与后方作连线，额窦即位于两连线之间正中点的两侧。

上颌窦：由泪骨、颧骨和上颌骨共同构成。其颜面部位置的确定方法为沿眼眶上缘作面嵴的垂直线，与上面的平行线相交，形成一个长方形。此长方形的对角线将长方形分成4部分（4个三角形），眼眶前面的三角形及与此相对的三角形即为上颌窦的颜面部位。

2. 喉和气管的检查　　利用视诊和触诊判定喉部的形态，注意有无肿胀（热肿还是冷肿）、敏感性、局部温度。再行听诊，听取喉及气管呼吸音的变化。

（1）触诊　　以食指和拇指检查喉与第一气管软骨环的连接部，下部气管以两手做间歇性轻压，一直到胸腔入口处。

（2）听诊　　在喉部、气管下部分别听取喉呼吸音和气管呼吸音，特别注意有无喉狭窄音、喘鸣音或啰音。

3. 咳嗽的检查　　询问病史及一般检查时注意有无咳嗽，注意辨别干咳还是湿咳，观察动物在咳嗽时有无疼痛感、鼻液的流出或其他伴随症状。必要时，可人工诱咳判定咳嗽的性质。

人工诱咳法：术者站在马的左侧，右手置鬐甲部作支点，左手的拇、食两指捏第一、二气管软骨环，观察有无咳嗽反应。

注意事项：个别健康马有1~2声咳嗽，故应注意咳嗽的频率、强度及有无疼痛，不应简单地叙述人工诱咳阳性或阴性。

二、胸廓的检查

胸廓检查主要用视诊和触诊的方法。健康动物呼吸平顺，无异样感，胸廓两侧对称，胸壁完整，肋骨正常。视诊检查时主要注意动物呼吸状态，胸廓的形状和对称性，胸壁有无损伤或变形，肋骨有无变化，胸前、胸下有无浮肿等。

胸廓触诊主要注意在检查过程中动物是否因敏感而躲闪，检查胸廓温度、湿度、有无肿胀、肋骨有无变形或异常。

三、呼吸运动的检查

1. 呼吸运动的观察　　动物在安静站立的状态下，检查者先在侧面观察胸腹壁运动的状态及其起伏是否协调，并注意吸气与呼气时间的比例，有无呼吸困难，然后在正后方对照观察两侧胸壁起伏运动是否一致，最后在后肢内后方，按照肷部的起伏运动计算每分钟的呼吸次数。在冬季也可通过观察从鼻孔呼出的气流来计数。当动物骚动不安时，为避免错误，须观察2~3min后求其每分钟的平均次数，以次/min表示。

观察呼吸运动时，应注意呼吸频率的快慢、属于哪一种呼吸类型、呼吸节律有无变化、胸壁起伏是否均匀,以及有无呼吸困难。

2. 病理型呼吸类型

(1) 陈-施呼吸　原因是二氧化碳规律性地递增或递减。特征为呼吸如潮水。见于脑炎、脑膜炎、心力衰竭和大失血等。

(2) 比奥呼吸　原因是呼吸中枢敏感性极度降低。特征为深度大致相等的连续呼吸与暂停交替。见于脑炎、脑膜炎、心力衰竭和大失血等。

(3) 库斯莫尔呼吸　原因是呼吸中枢衰竭晚期。特征为深而慢的大呼吸,无呼吸中断。见于颅内压升高性疾病、尿毒症、重症酸中毒等。

四、胸部叩诊

1. 定界叩诊法　先划出髋结节线、坐骨结节和肩端线水平线,然后分别沿这三条线由前向后水平叩诊。当声音由清音转为半浊音时立即标出此点。确定三点后,将其连成弧线,即为肺的大概后界。再沿此线由后上方向前下方移动叩诊,以确定肺真正的后界。由叩诊确定的肺界应与正常的肺界比较对照,以判定其扩大或缩小。定界叩诊宜用轻叩诊。

2. 确定叩诊音　一般于每个肋间,由上向下叩诊,每点叩击2~3次,直至肺缘,以确定有无病变区域,或者由前向后水平叩诊。

3. 动物肺脏的正常叩诊区　各种家畜的肺叩诊区均为一近似的三角形,其前界为沿肘肌而下,到达心浊音区,上界为背最长肌的边缘,在大家畜为距脊柱一掌宽的水平线,后界可按表1-7中各点的连线来划定。

表1-7　各种家畜肺叩诊区的后界(按肋间计算)

畜别	肋骨数	髋结节线	坐骨结节线	肩端线	终点
马	18	16	14	10	5
牛、羊	13	11		8	4
猪	14~15	11~12	8~9	7	4
骆驼	12			8	6
犬	13	11	10	8	6

4. 叩诊区的病理变化

(1) 叩诊区扩大　原因是肺体积增大或胸腔积气。特征为叩诊区后界后移。见于肺气肿、气胸。

(2) 叩诊区缩小　原因是腹内压升高。特征为叩诊区后界前移。见于急性胃扩张、急性肠臌气、瘤胃臌气、瘤胃积液等。

5. 叩诊音的病理变化

(1) 浊音或半浊音　原因是肺泡内充满炎性渗出物、肺泡内含气量减少。特征为肺区叩诊呈浊音或半浊音。见于肺结核、肺脓肿、肺坏疽、肺充血、肺肿瘤、肺寄生虫、胸壁增厚及胸腔积液等。

(2) 水平浊音　原因是胸腔积液。特征为浊音区上界呈水平线。见于渗出性胸膜炎、血胸及胸水等。

（3）鼓音　　原因是浸润部位与健康部位掺杂。特征为擂鼓音。见于大叶性肺炎充血期和吸收期、肺水肿、小叶性肺炎，以及肺空洞、气胸等。

（4）过清音　　原因是肺泡弹性降低、气体过度充盈。特征为类似敲打空盒音。见于肺气肿。

（5）金属音　　原因是较大的肺空洞，且位置浅表、四壁光滑。特征为如叩击金属所发的音。见于肺结核、肺坏疽、肺脓肿等形成较大的肺空洞。

（6）破壶音　　原因是肺空洞，且通过支气管与外界相连。特征为如敲打破壶的音。见于肺结核、肺坏疽、肺脓肿等形成较大的肺空洞。

五、肺部听诊

1. 听诊方法　　可采用直接听诊或间接听诊两种方法进行。因大家畜的肺呼吸音微弱，应在安静的环境中听诊。如家畜呼吸音微弱，听不清楚时，可使动物稍作运动或用双层毛巾掩盖鼻孔而后听取。

2. 听诊顺序　　大家畜的肺呼吸音较弱，在安静状态时，并非到处都很清楚，所以应由肺呼吸音最强的地方开始听诊较为方便，然后依次移向呼吸音较弱的部位。通常由肩胛后胸廓中部开始，依次为胸廓中后部→上中部→上后部→肺下部。在牛尚有肩前听诊区。

3. 肺泡呼吸音　　正常马的肺区可听到肺泡呼吸音。肺泡呼吸音微弱而柔和，如"呋-呋"声。牛、羊及猪的肺部除可听到肺泡呼吸音外，在第3～4肋间肩端线上下可听到柔和而轻的混合性支气管呼吸音，如"呋-吓"声。

4. 听诊音的病理变化　　在病理情况下可听到病理性呼吸音，此外，还可听到呼吸杂音（干啰音、湿啰音、捻发音、空瓮呼吸音、胸膜摩擦音、胸腔拍水音）等异常的呼吸音。

（1）肺泡呼吸音增强　　原因是呼吸中枢兴奋、呼吸运动和肺换气功能增强。特征为"呋-呋"之声粗而快。见于发热性疾病、贫血、代谢性酸中毒及气管炎、肺炎和肺充血初期。

（2）肺泡呼吸音减弱或不清　　原因是肺组织病变、呼吸音传导障碍。特征为肺泡呼吸音弱或听不清。见于上呼吸道狭窄、呼吸麻痹、胸部疼痛；各型肺炎及肺结核；渗出性胸膜炎、胸腔积液、胸壁肿胀。

（3）断续性呼吸音　　原因是肺脏局限性炎症或支气管狭窄，导致空气不能进入肺泡。特征为呼吸音有不规则间歇，呈齿轮状。见于肺炎、肺结核等。

（4）病理性支气管呼吸音　　原因是肺组织实变、肺组织空洞、压迫性肺不张。特征为呈强的"赫赫"声。见于肺脓肿、肺结核、肺坏疽及渗出性胸膜炎、胸腔积液等。

（5）病理性混合呼吸音　　原因是深部病变组织被正常组织掩盖，或病变组织与正常组织掺杂。特征为吸气为"呋"声，呼气为"赫"声。见于支气管肺炎、大叶性肺炎初期、肺结核等。

(6) 呼吸杂音

1) 湿啰音。原因是气流通过呼吸道内稀薄的分泌物。特征为断续而短暂，如细管在水中吹气。见于支气管炎、细支气管炎、各型肺炎、肺脓肿等。

2) 干啰音。原因是呼吸道狭窄，支气管产生大量的黏稠分泌物。特征为持续时间长，大支气管似猫鸣，小支气管像口哨。见于慢性支气管炎。

3) 捻发音。原因是肺泡出现少量渗出物，导致肺泡壁与毛细支气管黏合，但在吸气时又分开。特征为细碎而均一的"噼啪"声，吸气末最明显。见于毛细支气管炎、肺结核、肺水肿及肺充血的初期等。

4) 胸膜摩擦音。原因是胸膜变得粗糙不平。特征为如两手互搓，呈断续，吸气末呼气初最明显，并伴有疼痛。见于纤维蛋白性胸膜炎。

5) 拍水音。原因是胸腔积液。特征为如半瓶水振荡声。见于渗出性胸膜炎、血胸、脓胸等。

6) 空瓮音。原因是细小支气管进入较大肺空洞，共鸣而生。特征为类似吹狭口瓶声。见于肺脓肿、肺结核及肺坏疽等。

第五节　胃管投送技术

动物临床检查过程中，除了视诊、触诊、嗅诊等常规检查方法，经常还会用到一些借助器械帮助探查内部器官状态的方法。胃管是进行胃和消化道前段检查和药物投服时常用的器械，要进行准确检查，需掌握胃管投送技术。

一、胃管的选择与准备

根据家畜种类及畜体大小选择粗细、长短适当的软质胶管。马、牛用的是特制的橡皮管，长 2.0~2.5m，内径 10~20mm，管壁厚 3~4mm。猪可用公畜导尿管代替。胃管使用前要洗净，并用开水泡软，然后涂上液体石蜡。牛经口投送胃管时，须准备木质开口器或特制的硬质塑料管。

二、动物保定

性情温顺的大家畜牵于诊疗架内，令助手保定头部即可。性情躁动的大家畜必须用绳将其笼头拴紧于诊疗架直柱上，以防其左右摇头，妨碍工作的进行。

猪、羊可采取直立、侧卧或站立姿势，视具体情况而定。

三、胃管投送方法

以马为例，若从左鼻孔插入，则术者立于马头右侧，左手的拇、中指牢牢抓住左鼻孔的鼻翼软骨，食指将外侧鼻翼挑起。右手持胃管插入端在左手中、食指之间沿下鼻道插入，徐徐往里送入，待胃管送入 30~40cm 到达咽部后，可感到胃管端有阻力，此时可停止推送胃管或作轻微地前后抽动，当引起动物吞咽动作时，立即继续送入。胃管送至贲门时，可感知稍有抵抗，继续推送可达胃内。

四、胃管在食管中或气管中的判断方法

食管及胃的探诊，特别是探诊之后立即进行治疗的情况下，务必保证胃管确实投送到食管或胃中，否则将会造成不可挽回的严重后果。判断方法见表1-8。

表1-8 胃管在食管中或气管中的鉴别要点

判断方法	在食管中	在气管中
插入时感觉	有适当阻力及滞涩感	无
吞咽动作	有	无
颈沟的变化	左侧颈沟有随胃管移动的隆起，触诊可感知胃管端	无
向胃内吹气	左颈沟出现波动	无
压扁橡皮球插入胃管	仍为原状	立即鼓起
胃管外端在耳边听诊	无气流冲耳	有随呼吸运动的气流冲耳
胃管外端作嗅诊	有酸臭气味	无
胃管外端浸入水盆	无气泡出现	随呼吸动作水中有气泡出现
振动气管	无胃管与气管的碰击声	有胃管与气管的碰击声

一般采用1~2种判断方法，即可判定胃管是否投入胃内。但动物在某些疾病过程，可能会形成误导性信息，如在气胀性急性胃扩张时，即使胃管在食管中，胃管中也会不断有气体排出，此时应多用几种判断方法，以防判断错误。

五、注意事项

1) 胃管使用前应仔细检查，有无毛刺、裂痕及泥沙附着，如有上述情况应更换胃管或洗净后使用，以免引起鼻腔及食管黏膜损伤。

2) 投送胃管时，应注意头颈的位置。胃管投送最顺利的姿势应该是头颈曲折近似直角的姿势。如头颈拉直，则胃管端达咽腔后，恰好对准气管口，易将胃管送入气管。

3) 胃管送入后，在灌药之前，为安全起见，可投以少量洁净清水，证明无误后再行投药。灌完药后，用清水灌少许，吹气后，握住胃管头，缓缓抽出。

4) 牛在送入胃管后，常有气体从管中排出，应鉴别来自胃中或来自呼吸道，来自胃内的气体有酸臭味，气流与呼吸动作不一致。

5) 有明显呼吸困难的动物不宜用胃管，有咽炎的病畜禁用胃管。

6) 胃管送入食管后，禁止将胃管反复来回抽动，以免损伤鼻黏膜引起鼻出血。

7) 胃管使用完毕，应清洗干净，并用消毒液浸泡消毒，然后擦净保存。

六、鼻出血的处理

在投胃管时，如鼻腔流出少量血，可用冷湿布敷于额鼻部，或在该部浇淋少量冷水，即可停止出血。如出血不止，可用棉塞浸以1%鞣酸塞入出血的鼻腔中，或用0.1%肾上腺素注射液5mL皮下注射。

第六节 消化系统的临床检查

动物的消化系统直接与外界相通，摄取的食物在消化道内在消化酶和微生物的作用下，经物理性、化学性和生物性分解，完成消化和吸收过程。因此，消化系统也容易受到环境因素、饲料、饮水、饲养管理和消化内环境的影响，发生病理过程。因消化系统结构复杂，分布较广，所以在消化系统的检查过程中，有时需要器械辅助方能较为全面地完成检查。

一、饮食状态检查

在进行系统检查前，应先通过问诊了解待检动物的饲料、饮水及饲养管理等基本信息，并通过视诊观察动物有无饮食状态改变。

1. 采食与咀嚼障碍 常表现为采食费力、困难、痛苦，咀嚼突然停止或不能咀嚼（想吃而不敢吃）。临床意义：口腔疾病、齿病、下颌疾病、脑水肿、咬肌痉挛性神经痛等。

2. 吞咽障碍 常表现为摇头、伸颈、流涎、多次企图试咽而不能。食物和饮水经鼻反流。临床意义：咽炎、食管梗塞、食管痉挛、食管麻痹。

3. 反刍障碍 反刍是反刍动物采食后，周期性地将瘤胃内的食物反排到口腔，重新咀嚼后再咽下去的过程。正常情况下，采食后30～60min出现反刍，每次反刍持续时间30～60min，每个返回口腔中的食团咀嚼的次数为30～50次，每昼夜反刍次数为4～10次。

反刍障碍常表现为反刍迟缓无力、反刍次数少、每次反刍时间短、反刍出现时间过迟、反刍停止。临床意义：热性病、代谢病、中毒、传染病、前胃疾病（前胃迟缓、瘤胃积食、瘤胃臌气）。

4. 嗳气 嗳气是反刍动物将瘤胃发酵过程中产生的一定量的气体排出体外的一种生理现象。其反射中枢在延髓。正常情况下，牛：20～30次/h；羊：9～11次/h。

嗳气次数增多见于瘤胃臌气的初期及摄入大量易发酵饲料。嗳气次数减少见于前胃弛缓、瘤胃积食、瓣胃阻塞、真胃阻塞等。嗳气完全停止见于食管阻塞、严重的前胃功能障碍等，常继发瘤胃臌气。此时应采取紧急措施，防止动物窒息死亡。

注意：马发生嗳气时，多为急性胃扩张的象征。

5. 呕吐 呕吐是动物将胃内容物不自主地经口腔或鼻腔排出体外的一种病理现象。如神志清醒，呕吐动作多在采食后不久发生，若胃内容物排空，呕吐停止，多为周围性呕吐，见于胃肠疾病、肝胆系统疾病。如有意识障碍，全部胃内容物已排空，呕吐动作仍不停止（空呕），或仅呕吐部分清水或黏液，多见于脑膜脑炎、中毒等。

二、口腔的检查

口腔检查一般用视诊、触诊和嗅诊，必要时可用开口器辅助检查。检查内容主要注意口唇是否肿胀、流涎；口腔黏膜的温度、湿度、色泽、气味、完整性，是否有异物刺入，舌和牙齿的状况；硬腭是否有溃疡；唇黏膜及舌面是否有水疱或溃疡；舌是否因麻痹伸出口外现象；牙龈和牙床有无坏死和溃疡；幼龄动物有无乳齿变黑。

1. 徒手开口法　马单手开口法：检查者站在马头左侧，右手抓住笼头，左手食、中两指沿口角伸入口腔，两指叉开，食指顶住硬腭、中指压住舌面，使口张开即可检查口腔温度、湿度、色泽、舌面，如发现异常或有必要时再行双手开口法检查。

马双手开口法：检查者站在马头左侧，左手抓住笼头，右手食、中指并拢，从口角伸入口腔，压住舌头，顺势勾取舌头并从左口角处拉出口外，随之翻转右手用拇指向上顶住硬腭，此时抓笼头的左手放开，术者移至马头前侧方，左手移到右口角处，伸入拇指协助顶起上腭，口腔可充分打开。

牛徒手开口法：检查者站在牛头左侧，以左手握住鼻中隔，使牛头略抬高，右手沿左侧口角伸入口腔，压住舌头，顺势抓住舌体拉出口外。

羊徒手开口法：两手拇指、食指和中指分别抓住上下颌，并自唇压入齿列间，同时上下用力拉开口腔即可。

2. 绳吊开口法　此法适用于马属动物。用粗约1cm，长约30cm的麻绳一条，一端打一环套，套于马的两耳根部向下将绳扭成半圆圈套在门齿上，然后将绳的游离端跨过诊疗架上的横栏并拉紧，把马头吊高，口即张开。此法简便易行，适于检查黏膜和投药之用。

3. 开口器开口法　马轻型开口器开口法：检查者站在马的正前方，一手握住笼头一手持开口器，自口角送入，嵌入上下门齿之间，则口可半开。

马重型开口器开口法：须二人合作，先将开口器的齿板嵌入上下门齿之间，然后顺螺旋转动其柄，则口慢慢张开，直至适宜程度为止。此时由一人固定开口器，以防动物骚动时造成颌骨骨折。

牛重型开口器开口法：将开口器的横板置于齿槽间隙处，然后顺螺旋转动其柄，将口打开。

猪、羊开口器开口：检查者将猪、羊开口器平伸入口内，待开口器达到口角时，持开口器柄向下旋转90°，则开口器即装于猪、羊口内，口即开张。

4. 注意事项　马、牛徒手开口时，手指应沿口角前方的齿槽间隙进入。抓舌头时动作应迅速、干脆。使用大家畜重型开口器开口时，必须由助手确实保定头部，口张开后应由另一人固定开口器，否则易造成家畜颌骨骨折等损伤。

三、咽部检查

通常用外部视诊和触诊检查。视诊时应注意咽部有无肿胀。触诊时在下颌骨后角及喉的稍上方进行。检查时，术者以两手食、中、无名指三指并拢由两侧进行切入触诊，同时两手的拇指在寰椎翼作支点。应注意动物是否疼痛及咽部有无湿热感。

视诊时，头颈伸直，吞咽障碍见于咽部炎症。触诊时，肿胀及敏感，多为急性炎症过程。淋巴结弥漫性肿胀，见于腮腺炎。局部肿胀，见于牛结核病、放线菌性肉芽肿。

四、食管检查

通常以视诊、触诊和探诊检查。

1. 视诊　注意食物和饮水沿食道下移情况，以及食管区有无肿胀。

2. 触诊　术者立于动物左侧，面向动物后方，两手分别由两侧颈静脉沟自上而下加压滑动触摸，注意食管的状态、有无内容物存在、内容物的性状及有无疼痛反应等。

3. 探诊　详见胃管投送技术章节。

五、腹部检查

1. 腹部的视诊和触诊

（1）视诊　观察腹围的大小、形状及肷窝充满的程度。

腹围增大，常见于肠臌气、胃肠积食、腹水等。腹围缩小，常见于发热病、慢性病引起的食欲废绝、长期饥饿、剧烈腹泻等。

（2）触诊　检查者站在家畜胸侧，面向家畜后方，一手在家畜背部作支点，另一手置于腹壁，以手腕作间歇性的推压动作或以手指垂直于腹壁，作冲击式触诊，以感知腹腔内容物的性状、腹肌的紧张度及敏感性。

腹壁敏感，见于腹膜炎。腹壁紧张，见于破伤风、胃肠炎等。腹壁局限性膨大，见于腹壁疝。触诊有拍水音，见于腹腔积液。触诊有坚硬物，见于便秘、肠结石及肿瘤等。

2. 牛胃的检查

（1）瘤胃　视诊：检查者站于动物左侧，观察左肷窝部情况。如左肷窝胀满，见于瘤胃积食和瘤胃臌气。

触诊：检查者站于动物左侧，左手置于动物背部作支点，右手握拳在左腹上部，连续做几次深部触诊，以感知瘤胃内容物的性状。然后再静置于左肷部，以感知瘤胃蠕动的情况。紧张有弹性见于瘤胃臌气，指压有痕见于瘤胃积食。

叩诊：鼓音区扩大见于瘤胃臌气；浊音区扩大见于瘤胃积食。

听诊：通常以听诊器在左肷部进行间接听诊，以判定瘤胃蠕动音的次数、强度和持续时间。正常牛的瘤胃蠕动音如远雷声和沙沙声，逐渐增强，以后又逐渐减弱。瘤胃蠕动音减弱或消失见于前胃弛缓、瘤胃积食、瓣胃阻塞、真胃阻塞等。

（2）网胃　以触诊检查有无疼痛反应。

检查者站在动物左侧，右膝屈曲，放在动物腹下，把右肘固定在右膝上作为支撑点，右手握拳放在左侧剑状软骨部（相当于第6～8肋间），用力向上抬腿，顶压网胃；或两人分别站于牛体两侧，各伸一手于胸下剑状软骨部相互握紧，另一手放在鬐甲部，将握紧的手用力上抬，同时放在鬐甲部的手用力下压；或以一木棍横置于牛剑状软骨部，由两人自两侧同时用力上抬，迅速放下；或驱赶病畜走下坡路，或作急剧转弯运动，以观察其反应。如动物表现疼痛不安、呻吟、抗拒、企图卧下或行动小心，多为创伤性网胃炎或创伤性网胃-膈肌-心包炎。

（3）瓣胃　最精准的方法是听诊，在右侧第7～10肋骨部沿肩端水平线上下3cm处，可听到细小的捻发音、沙沙声，于采食后尤其明显。一般在瘤胃蠕动之后出现。

（4）皱胃　通常用触诊和听诊进行检查。

触诊：在右肋弓区第9～11肋骨与肋软骨连接处，用指尖或拳头强力按压或顶压，体会其硬度及敏感性。冲击触诊时注意有无拍水音。

听诊：正常牛皱胃蠕动音类似小肠蠕动音，呈流水声或含漱音。

3．马的胃肠检查

（1）检查部位　　胃：体表的投影位置在左侧第14～17肋间。在正常情况下，视诊无异常，叩、听诊也得不到胃的正常叩、听诊音。在急性胃扩张时，常可见前述部位隆凸，被毛稍有竖立，听诊有金属性的胃蠕动音，叩诊可呈鼓音。

肠：小肠在体表的投影在左骯部，盲肠在右骯部，右大结肠在右侧肋弓下方，左大结肠在左侧腹下三分之一处。小肠音如流水音或含漱音，8～12次/min；大肠音如雷鸣音或远炮音，4～6次/min。

（2）听诊病理变化

1）肠音增强。原因：肠道受冷或化学物质刺激。特征：肠音高朗，连续不断。临床意义：肠痉挛、肠炎、胃肠炎及伴发有肠炎的传染病。

2）肠音减弱。原因：迷走神经兴奋性降低，导致肠道弛缓；肠段麻痹。特征：肠音稀少，短促而微弱。临床意义：肠弛缓、长期腹泻、慢性消化不良、便秘、肠阻塞、某些发热疾病、神经系统疾病和中毒性疾病。

3）肠音不整。原因：腹泻与便秘交替出现。特征：时快时慢。临床意义：慢性肠卡他。

4）金属音。原因：肠内充满气体，使肠壁极度紧张。特征：似"铁盘滴水音"。临床意义：肠臌气。

4．犬、猫的胃肠检查　　犬、猫胃肠检查一般以双手拇指以腰部为支点，其余四指伸直置于两侧腹壁，缓慢用力，感觉胃肠的状态。腹部触诊常可确定胃肠充盈状态、肠便秘及肠变位；听诊部位一般在左右两侧骯部。

（1）胃的检查　　视诊：腹围扩大见于胃扭转、胃扩张、胃肿瘤等。

触诊：胃胀满、坚实见于急性胃扩张；胃区敏感见于胃卡他、胃炎、胃溃疡等。

叩诊：浊音区扩大见于食滞性胃扩张；大面积鼓音见于急性胃扩张。

探诊：管内排出酸臭液体见于急性胃扩张；胃管停滞不前见于胃扭转。

（2）肠管检查　　视诊：常表现为腹围增大或缩小。

触诊：有坚硬腊肠状粪条或粪块，见于肠便秘；触摸坚实、有弹性、呈弯曲的圆柱形肠段，见于肠套叠；触诊有波动感见于腹腔积液。

叩诊：鼓音见于肠臌气。

听诊：可出现肠音增强、肠音减弱、肠音不整及金属音等，临床意义同马。

六、排粪动作

正常时，每种动物都有固定的排粪动作和姿势。异常表现有便秘、腹泻、排粪带痛、排粪失禁和里急后重等。

1．便秘　　特征：排粪费力、次数少或屡呈排粪姿势而难以排泄。临床意义：发热性疾病、慢性肠卡他、胃肠弛缓、瘤胃积食、瓣胃阻塞及马属动物的腹痛症。

2．腹泻　　特征：排粪频繁，重则失禁，粪便呈粥样或水样。临床意义：肠炎及引起肠炎的各类传染病。

3．排粪带痛　　特征：排粪时疼痛不安、惊恐、呻吟、弓腰怒责。临床意义：腹膜炎、直肠损伤、胃肠炎及创伤性心包炎。

4. 排粪失禁 特征：粪便及气体不能随意控制，不自主地流出肛门外，为排粪功能紊乱的一种表现。临床意义：肛门括约肌功能丧失。

5. 里急后重 特征：便意浓重而便出稀少。临床意义：直肠炎或肛门括约肌疼痛性痉挛。

七、粪便检查

每种动物的排粪量和粪便性状相对固定，但受饲料的数量和质量影响较大，尤其是更换饲料后会发生明显改变，应注意观察。

1. 正常粪便形状 马粪呈圆块状；牛粪呈叠饼状；羊粪呈球状；犬、猫粪便呈圆柱状；家禽粪便为圆柱状、细而弯曲、外覆一白色尿酸薄层。

2. 粪便颜色 因饲料不同而不同。病理颜色有白、红、黄、绿色等。如粪便鲜红色，提示消化道后段肠管有出血；如粪便棕色、黑色或黑红色，提示消化道前段肠管有出血；如粪便呈黄绿色，提示有溶血性黄疸。

3. 粪便气味 正常无恶臭。病理改变常见特殊腐败气味或恶臭，多见于各类肠炎或消化不良。

4. 混合物 黏液，见于胃肠卡他、肠阻塞、肠套叠等；黏液膜，见于黏液膜型肠炎；伪膜，见于纤维素性坏死性肠炎；血液，见于出血性疾病；脓液，见于直肠有化脓灶或肠脓肿破裂。

第七节 直 肠 检 查

直肠检查，简称直检，是指将手伸入动物直肠内，隔着肠管对盆腔和腹腔脏器进行检查的方法。其不仅具有诊断意义，也具有治疗意义。通过直肠检查，能够判定大家畜腹痛的病变部位、病变性质和程度，对一些轻症疾病（如肠阻塞）可以治疗，对母畜的发情鉴定、妊娠诊断有重要意义，对肝、脾、泌尿器官的疾病过程鉴别也有重要的诊断价值。

一、动物保定

最好采用六柱栏保定，但不能装置后带，对于骚动不安和腹痛剧烈的病马，应装置腹带，加压肩带。在野外，可在两棵树之间进行保定，也可横卧保定。

二、检查前准备工作

1）术者剪短指甲并磨光，以免损伤肠黏膜。
2）衣袖卷到肩部，手臂上涂以润滑油类，如遇疑似炭疽时，必须戴乳胶手套或特制的塑料手套。
3）肠道臌气的病畜应先行盲肠（马）或瘤胃（牛）穿刺放气后再行直检。
4）对腹痛剧烈的病畜应先镇静，再直检。

5）为了使肠壁弛缓，直肠和肛门润滑，便于入手检查，可先用温水或温肥皂水1~2L进行直肠灌注。如怀疑有直肠穿孔的病畜，则禁止灌肠。

三、检查方法

1）术者进行直肠检查手的拇指放于掌心，其余四指并拢聚成圆锥状，稍旋转即可通过肛门进入直肠。当直肠内有蓄粪时应将其取出。如膀胱内贮存大量尿液，应按摩或压迫膀胱，待尿液排出后再进行检查。

2）检手沿肠腔方向徐徐前进，尽量使肠管更多地套在手臂上，以便于活动进行深部检查。当被检马频频努责时，术者的手可暂停前进或随之后退，待肠弛缓时再向前探查。一般待手臂伸至直肠狭窄部后，即可进行各部和器官的触诊。

3）当被检马频频努责时，应停止检查，并以手臂压肛门下部，或令助手在动物腰荐部强力压捏，待安静后再行检查。

4）术者的手在肠管内不许随意搔抓，或以手指锥刺；手臂前进、后退均宜徐缓小心，切忌粗暴。

5）进行各部位和器官触诊应按一定的顺序进行。

四、检查顺序及脏器的生理位置和形状

一般临床上习惯的检查顺序：肛门→直肠→骨盆腔→膀胱→小结肠→左下大结肠和骨盆曲→腹主动脉→左肾→脾→前肠系膜动脉根→十二指肠、胃、盲肠→胃状膨大部→回肠。

1）肛门检查。应注意其紧张度，肛门附近有无寄生虫虫体、黏液和其他病理变化。

2）直肠内检查。应注意直肠内宿粪的性状、温度及直肠有无创伤。在骨盆腔内直肠下方可触知膀胱。膀胱空虚时皱缩成柔软的梨状如拳头大，位于耻骨前缘；膀胱充满时，则呈囊状，富有弹性，触之有波动感。

3）小结肠检查。骨盆口的前方和左侧可摸到内有串珠样粪球的小结肠。小结肠的系膜较长，故游离性较大，且有两条发达的纵肌带。

4）左下大结肠和骨盆曲检查。移手向左，在耻骨水平线上可摸到左侧大结肠。左下大结肠较粗（直径18~30cm），有纵肌带和肠袋；左上大结肠较细（7~10cm），呈光滑的圆柱状，无肠袋，重叠在左下大结肠之上。骨盆曲光滑屈曲如膝状，与上下大结肠相连，正常时内容物较少，常不易摸清其轮廓。

5）再向左可摸到左腹壁，正常时腹壁表面平滑。

6）翻手向上，在脊柱下方可摸到搏动的腹主动脉。沿腹主动脉向前，进至第2~3腰椎横突的下方，可触及半圆形的左肾后半部，表面光滑较坚实。

7）由左肾区向左前方，在最后肋骨部可触知脾脏后缘，其边缘形如镰状。

8）手移向脊柱下方腹主动脉处，再向前伸，可触知前肠系膜动脉根部，注意有无动脉瘤。十二指肠自前肠系膜动脉根的后下方横过，正常时不易摸到，胃在正常马也摸不到。

9）移手向左，至肷部可摸到盲肠基部，其上部有气体，检手感到有轻微弹性，依次有由前上向后下方行走的纵肌带及一个肠袋。盲肠的前内侧有右上大结肠的胃状膨大部，

正常时不易摸到。

10）尚可检查母马的卵巢、子宫，公马的腹股沟管内环（位于耻骨前方3～4cm，距中线约10cm处，正常内径可容一指半）。也可根据临床上的需要灵活地掌握检查顺序及内容。

第八节 泌尿和生殖系统检查

泌尿和生殖系统大部分位于骨盆腔内，除可借助观察排尿及尿液检查获得一些信息外，直接检查相对困难，通常在视诊和触诊未能明确其状态时，大家畜即可进行直肠检查。

一、排尿及尿液检查

1. 排尿检查 动物排尿检查主要包括排尿姿势、排尿次数及尿量的检查。在正常生理状态下，每种家畜都有其特征性排尿姿势，同种动物雄性和雌性也有差异，应多注意观察。通常动物排尿次数及尿量与饮水量、饲料含水量、季节与气温、是否运动、使役等因素有关。宠物经过训练后排尿次数和时间相对固定，但犬具有领地意识，在嗅到其他犬尿时可产生尿意，短时间多次排尿。各种动物每天的排尿次数、尿量见表1-9。

表1-9 动物每日排尿次数、尿量

动物	排尿次数	每千克体重排尿量/mL	动物	排尿次数	每千克体重排尿量/mL
马	5～8	3～18	猪	2～3	5～30
牛	5～10	17～45	犬	2～3	20～100
羊	2～5	10～40	猫	5～8	10～20

2. 排尿异常 排尿异常通常可见尿频、少尿、尿失禁、尿痛和尿淋漓等现象。

（1）尿频 排尿次数增多，尿量正常或增加，见于慢性肾炎、使用利尿药等。单纯排尿次数增多，而尿量不增甚至减少者，见于膀胱炎、尿道炎。

（2）少尿 排尿次数减少或消失，少尿或无尿。可分为以下几种情况，肾前性少尿无尿（见于严重脱水、心血管衰竭、肾动脉栓塞等）、肾源性少尿无尿（由急性肾小球性肾炎及肾病等引起）和肾后性少尿无尿。肾后性少尿无尿是有尿液生成而停留于膀胱内不能排出，故又称为尿闭或尿潴留，见于膀胱肌麻痹、膀胱括约肌痉挛及尿道结石等。

（3）尿失禁 动物排尿失去自控能力，表现为动物没有排尿反应或动作而不自主地排出尿液，主要见于腰荐脊髓损伤、膀胱括约肌麻痹等。

（4）尿痛 排尿时表现出呻吟、努责、不安、回顾腹部等痛苦表现，而排尿后仍保持较长时间的排尿姿势，见于膀胱炎、尿道炎、尿道结石及腹膜炎等。

（5）尿淋漓 表现为排尿不畅，尿液呈滴状或细流状排出，见于膀胱炎、尿道炎及体质虚弱等。

3. 尿液的感官检查 主要检查尿液的颜色、透明度、黏稠度和气味等。

（1）尿液颜色检查 在正常情况下，马尿色深且较为浑浊，牛尿液微带黄色，犬、猫、猪的尿液为无色。病理情况下可见红色尿，一般可分为血尿（浊红色，镜检尿中有红细胞，见于泌尿器官的出血性病变）、血红蛋白尿（呈透明红色，尿中有大量血红蛋白，见于各种溶血性疾病）、肌红蛋白尿（呈暗红色）和药物导致的红色尿（如内服或注射氨基比林、百浪多息等，尿液常呈不同程度的红色或黄红色）。

（2）尿液透明度及黏稠度检查　正常生理状态马尿稍浑浊，牛尿清亮，猪及肉食兽尿则更清。若马以外其他动物尿变浑浊，可通过检查尿中混有黏液、细胞还是蛋白质等，对疾病特征作明确判断。

（3）尿液气味检查　正常动物尿液都具有一种特殊气味。但若出现氨臭味，见于尿潴留、膀胱炎；出现腐败臭味，见于膀胱、尿道的溃疡及化脓、坏死性炎症；有酮味时，见于牛的酮血病。

二、肾脏的检查

1．视诊　当肾脏有病变时，动物站立，呈背腰僵硬，后肢前移，腰部弓起，全身颤抖，眼睑、阴囊等部位发生肾源性水肿；运动时往往步态拘谨，小心，移动缓慢，呻吟。

2．触诊　马、牛可在左肾和右肾相应部位施行手掌按压或用拳叩击，以观察动物是否有疼痛感。小动物取站立姿势，检查者两手分别在动物肾脏相应部位的脊椎横突下方做对称性的切入触诊，感知肾脏大小、硬度、表面结构及敏感性。

3．叩诊　健康动物的肾脏位置，马左肾位于第1~3腰椎横突下面，右肾位于第2~3腰椎横突下面；牛左肾位于第3~5腰椎横突下面，右肾位于第2~3腰椎横突下面；羊左肾位于第1~3腰椎横突下面，右肾位于第4~6横突下面；猪左、右肾位于第1~4腰椎横突下面；犬左肾位于第2~4腰椎横突下面，右肾位于第1~3腰椎横突下面。检查时在动物相应部位进行叩诊呈浊音，不敏感。病理情况下，叩诊区会扩大或有疼痛反应。

大动物可用直肠检查法触诊肾脏，其实际应用意义较大。

三、膀胱的检查

膀胱检查主要以触诊检查为主，必要时可作尿道探诊及导尿检查。膀胱位于骨盆腔底部，空虚时呈柔软感，轮廓不清晰。膀胱充盈时，轮廓清晰，按压有波动感，按摩可排尿。

大动物膀胱检查只能作直肠内部触诊检查，检查时应注意其位置、大小、充盈度、紧张度及有无压痛等。

犬、猫膀胱检查时，采取仰卧位保定，一手沿腹中线由前向后滑动触压。也可用两只手分别由腹部两侧，逐渐向体中线压迫，在耻骨前缘感觉膀胱状态。当膀胱充满时，可在下腹壁耻骨前缘触诊到一有波动感的圆形体，过度充盈时可达脐部。

四、外生殖器的检查

1．公畜外生殖器的检查　主要用视诊和触诊方法。检查时主要注意阴囊、睾丸和阴茎的大小、形状、分泌物，有无肿胀、热痛及赘生物。特别要注意是否有隐睾。

2. 母畜外生殖器的检查 主要用视诊和触诊方法，必要时借助阴道开张器扩张阴道，仔细观察阴道黏膜的状态，主要注意观察黏膜的颜色、湿度，有无损伤、肿块及溃疡。产科疾病检查时应注意阴门外是否有胎衣不下、阴道和子宫脱出。

五、乳腺的检查

主要用视诊和触诊方法检查。观察乳房的大小、形状、皮肤的颜色，注意是否有外伤和疱疹。触诊时注意温度、硬度及有无热痛反应。乳腺检查时应注意乳腺淋巴结的检查，判定其大小、活动性及有无热痛反应。必要时可作乳汁的检查，注意其颜色、黏稠度、有无絮状物及混合物等。

第九节 导 尿 术

导尿术是在严格的无菌条件下，将无菌导尿管从尿道插入膀胱引出尿液的技术。导尿术常用于尿潴留、准确记录尿量、测定膀胱容量和压力、探测尿道有无狭窄、骨盆腔器官手术前准备，以及疾病诊断。通常因动物大小不同，选择与尿道内径相适应的橡胶导尿管。

一、公马导尿术

公马牵入六柱栏内，以鼻捻棒或耳夹保定并将马右前肢提举。术者站立于马的右侧，清除包皮口及其周围的附着物，右手插入包皮鞘内，抓住阴茎头或屈曲食指扣住舟状窝，徐徐将阴茎拉出，待拉出至一定程度时，左手用干燥纱布或毛巾，在龟头后方的阴茎颈部把持阴茎头，清洗包皮上的污垢，再用0.1%高锰酸钾清洗龟头和尿道口，除去龟头凹内的污垢，然后令助手把持阴茎头。术者将手洗净后，再用左手把持阴茎头，右手取已消毒并涂以润滑油的导尿管插入尿道内，待导尿管达到坐骨弓时，可感到有一定阻力而难以继续插入。此时，令助手在会阴部稍加压迫，使导尿管前端弯向上前方，术者再用力插入即可使导尿管进入膀胱，尿液自动流出管外。

对于性情暴躁的公马，可行左侧卧保定，两前肢与左侧后肢捆绑在一起，右后肢向前方转位，以暴露包皮口，便于按上述方法操作。

二、母马导尿术

母马于六柱栏内保定，用0.1%高锰酸钾清洗外阴部，术者手清洗消毒后，右手伸入阴道内，在尿生殖道前庭下壁探索尿道的开口，以右手送入导尿管直至尿道开口部，用右手食指将导尿管引入尿道口，可继续送入10cm左右，即可达到膀胱。

初学者不易找准位置时，可用阴道开口器打开阴道后再按上面描述的操作方法导尿。

三、母牛导尿术

基本同母马导尿术，但母牛的尿道憩室比较发达，当导尿管插入尿道不能前进时，可将导尿管微向后抽，用手指微微将憩室提举，再小心沿尿道上壁重新插入。

四、注意事项

1）动物必须妥善保定，以防人畜发生意外。
2）导尿管必须彻底消毒，否则易人为地造成尿路感染。
3）导尿管应徐徐插入，防止损伤尿道黏膜。
4）膀胱括约肌发生痉挛时，可在直肠内按摩膀胱，或用温水灌肠。于紧急情况下，可皮下注射吗啡，以解除括约肌痉挛。

第十节　神经系统的临床检查

神经系统主要包括中枢神经系统和外周神经系统，其共同发挥机体的神经调节作用，当发生不同疾病时，神经系统的保护性调节作用可影响疾病的发展，有时其他系统的许多疾病过程也可引起神经症状，因此，神经系统的临床检查具有非常重要的诊断意义。

神经系统的检查主要包括中枢神经机能检查、头颅和脊柱检查、感觉机能检查、反射机能检查和植物性神经系统机能检查等。

一、中枢神经机能检查

主要通过视诊观察动物的精神状态和行为。健康动物姿态自然，动作敏捷，运动协调，反应灵活。而动物的精神状态异常主要表现为兴奋和抑制两大状态，而表现类型又可分为兴奋、狂躁、精神沉郁、昏睡和昏迷等异常表现。

1. 精神兴奋　精神兴奋是中枢神经机能亢进的结果，临床上可表现兴奋不安、亢进，对弱刺激产生强反应，容易受惊，个别动物会表现出狂躁和明显的攻击行为。动物精神兴奋的同时伴有心率加快、节律不齐、呼吸粗糙等症状。精神兴奋常提示脑及脑膜有充血或炎症，颅内压升高，代谢障碍及中毒。

2. 精神抑制　精神抑制根据动物表现轻重程度不同又可分为精神沉郁、昏睡和昏迷三种类型。

（1）精神沉郁　动物对环境的注意力减弱，反应迟钝，行动无力，但对外界刺激尚可做出有意识的反应。

（2）昏睡　动物精神萎靡不振，多躺卧在地，大多时间沉睡，只在外界强烈刺激下才能产生较弱的短时反应，很快又陷入沉睡。

（3）昏迷　动物卧地不起，意识完全丧失，对外界刺激无任何反应，肌肉松弛，反射消失，粪尿失禁。

二、头颅和脊柱检查

主要通过视诊观察动物头颅和脊柱的外形，并结合触诊和叩诊进一步检查。检查内容主要包括头颅和脊柱形态、大小、温度、硬度、敏感性及叩诊音。

三、感觉机能检查

1. 感觉器官检查 动物的感觉器官检查主要是对动物的视觉器官和听觉器官进行检查，在犬和猫，有时还做嗅觉检查。视觉器官检查主要观察动物眼睑、眼球、角膜和瞳孔的状态。检查时，可在遮盖一眼的情况下，观察在动物眼前方移动物体时的反应，然后测试另一眼。瞳孔主要检查随光线的强弱变换其缩小、扩大的反应。

2. 皮肤感觉检查 皮肤感觉检查主要作触觉检查和痛觉检查。

（1）痛觉检查 遮住病畜的眼睛，由臀部向前直到颈侧，沿脊柱两侧用针尖刺激皮肤。针刺的轻重依具体情况而定。健康家畜在针刺时出现回头、竖耳、躲闪、抬腿等反应。

（2）皮肤感觉的病理变化 皮肤感觉增强：给皮肤轻微刺激即产生剧烈的疼痛反应。

皮肤感觉减弱：给予强刺激产生微弱的反应或完全不产生反应。

皮肤感觉异常（瘙痒感）：病畜啃、咬患部或在周围物体尤其是有棱有角的物体上摩擦，使病变皮肤部位被毛粗乱、脱落，甚至皮肤出血、结痂或形成龟裂。

3. 深部感觉检查 人为地使家畜四肢处于不自然的姿势，如使马的前肢交叉站立，或将两前肢八字站位、前肢前伸半步等。当人为动作除去后，健康家畜可迅速调整并恢复原来的姿势，当深部感觉发生障碍时，则可在较长时间内保持人为的姿势，如脑室积水等。

四、反射机能检查

兽医临床上常检查的反射项目有以下几个方面。

1. 耳反射 用软草、纸卷、毛束等轻触动物耳内侧毛，健康家畜产生转头、摇头等动作，其反射中枢在延髓和第1、2颈髓。

2. 鬐甲反射 用手轻触鬐甲部皮肤，该部位皮肌发生抖动，其中枢在第7颈髓和第1、2胸髓。

3. 肛门反射 轻触或针刺肛门周围皮肤，肛门括约肌收缩，其中枢在第4、5荐髓。

4. 咳嗽反射 用手捏前几节气管软骨环，动物发生1~2声咳嗽，其中枢在延髓。

5. 眼反射 眼反射包括眼睫毛、眼睑、结膜和角膜反射。用软物或手轻触该部时，家畜立即产生闭眼动作，其中枢在脑桥。

6. 瞳孔反射 用手或其他物品遮住家畜眼睛片刻，健康家畜的瞳孔散大；如用手电筒照射眼睛，则瞳孔缩小，其中枢位于中脑。

7. 腱反射 使家畜侧卧，用叩诊槌叩击膝中直韧带，健康家畜的膝关节伸展（膝反射），其中枢位于第3、4腰髓；用叩诊槌叩击跟腱，产生跗关节伸展而球节屈曲的动作（跟腱反射），其中枢位于荐髓前段。

8. 蹄冠反射 用针刺或脚踩蹄冠部，家畜产生提肢或回顾动作，其中枢位于颈髓。

9. 会阴反射 触尾下皮肤时，迅速产生夹尾动作。

10. 腹壁反射 用手触腹壁皮肤时，产生腹肌收缩的效应。

五、植物性神经系统机能检查（反射检查法）

1. 眼-心反射　检查者用手指轻压眼球侧方 20～30s，可引起脉搏减少约 1/4。如脉搏数减少 1/3～1/2，则为阳性结果，表示副交感神经兴奋。

2. 耳-心反射　用耳夹夹住马的右耳 20～30s，可引起脉搏减少约 1/4。如脉搏数减少 1/3～1/2，则为阳性结果，表示副交感神经兴奋。

第十一节　动物给药法

一、药物内服法

1. 水剂投药法

（1）经鼻投药法　胃管经鼻腔插入胃内，将药液通过胃管投放到胃内，达到治疗目的的方法。这种方法避免了药液对食管黏膜的刺激性，有利于保护黏膜。一般根据动物个体大小，选择相应口径和长度的特制橡胶管，一端钝圆，内口径 10～20mm，长度为 2.0～2.5m，同时配有相应的漏斗。

动物柱栏内保定稳妥后，令助手或畜主固定好头部，使头部与颈部夹角以 90°为宜。选择钝圆一端的胃管进行投送，确凿胃管在胃内后，在胃管另一端连接漏斗，即可投药。投药完毕后，再灌入少量清水，冲洗胃管内药液残渣，随后抽出胃管进行清洗，备用。

（2）经口投药法　经口腔将药液灌服到胃内的方法，是常用的投药方法之一。

1）马属动物经口投药法。投药器械可选用灌角、橡胶瓶、小勺、注射器等。马在柱栏内站立保定，采用绳吊开口法将一条细绳一端做成套马结套在马上颚上，另一端通过柱栏横梁铁环吊起马的头部使口腔开张，以口角与耳根平行为宜，令助手或畜主把持笼头。给药者站立在马头侧方，左手沿口角伸入口腔中，压住舌头，右手持盛药器具，沿口角从另一侧口腔伸入口腔到舌根处，轻轻抖动盛药器具，配合马的吞咽动作灌服即可。

2）牛经口投药法。牛的保定及绳吊开口方法同马。灌药时保持头部不动，一手持盛药器具，沿口角伸入口腔内，送至舌根部，将药液灌下即可。

3）猪经口投药法。采用抓耳保定法，即助手或畜主抓住猪的两耳，并骑在猪背上，使头稍稍后仰，将开口器平伸入口腔内，待到达口角时，持开口器柄向下旋转 90°，口腔开张后，将药液灌服即可。

4）犬经口投药法。胃管投药法：对犬施以坐姿姿势保定。选择大小适合的胃管，测量犬鼻端到第 8 肋骨距离后，打开口腔，插入胃管，在胃管尾端连接漏斗，将药液灌入。灌药完毕后，除去漏斗，压扁导管末端，缓缓抽出胃管。

匙勺、洗耳球或注射器投药法：让宠主保定好犬，并让犬的头部向上保持倾斜。灌药者用左手食指沿口角伸入口角内侧，并向外撑起该处部位，形成漏斗状。将盛有药液的器具插入并将药液灌入即可。

2. 舔剂投药法　畜主或助手保定动物头部，术者首先将舔剂涂在投药板的前端，然后一手沿口角伸入口腔中，将舌拉出外，同时拇指顶住硬腭，另一手将舔剂板从另一侧口角送至舌根部，翻转舔剂板，将舔剂涂抹在舌面上，抽出舔剂板，将舌松开，托住下颌部，待其咽下即可。

3. 丸剂、片剂、胶囊投药法 令助手或畜主保定好动物，术者用一手沿口角伸入口腔后，将舌拉出口腔外，一手持固体药或投药器从另一侧口角将其送至舌根部，迅速将药投放，在放开舌头的同时，投放药的手迅速从口腔抽出，托住下颌部，待其将药咽下即可。

二、注射法

1. 药液抽吸法

（1）安瓿内吸取药液的方法　安瓿直立，手指轻敲，将安瓿尖端药液弹至体部，用70%乙醇棉球消毒安瓿颈部和砂轮，在安瓿颈部划一锯痕，再次消毒，拭去细屑，用棉球按住颈部，折断安瓿。将注射器针头斜面向下插入安瓿内液面下，抽吸药液。吸药时手持活塞柄，不可触及活塞其他部位。抽毕，将针头垂直向上，轻推活塞，尽量排除聚集在针头处的气体，将安瓿套在针头上备用。

（2）自密封瓶内吸取药液的方法　除去铝盖中心部分，常规消毒瓶盖后，将针头插入瓶塞，注入所需药液等量空气，以增加瓶内压力，避免形成负压，然后针尖朝下，抽吸药液。以食指固定针栓，拔出针头，排尽空气。

（3）吸取结晶、粉剂或油剂药物的方法　除去密封盖和消毒瓶盖，先用无菌0.9%氯化钠溶液（或注射用水，或专用溶媒）将药充分溶解，然后再吸取。吸取黏稠油剂：可先稍加温或用双手对搓药瓶（易被热破坏者除外），然后再用较粗针头抽吸药液。吸取混悬液：应先摇匀后，立即吸取，并选用稍粗针头抽吸注射。

2. 静脉输液　静脉输液是利用液体静压的原理，将一定量的无菌溶液或血液直接滴入静脉的方法，是临床治疗或抢救动物的重要手段。

（1）操作方法

1）认真核对输液处方单，包括输液药品名称、浓度、输液量、有效期。同时检查药液有无浑浊、沉淀物，有无颜色变化。无异常后填写输液标签，倒贴在输液瓶上。

2）套上瓶套，打开药瓶密封盖中心部位，用2%碘酊和75%乙醇消毒瓶盖，根据需要加入药物，将输液管和通气管的针头同时插入瓶内至针头根部。

3）将注射用品准备好后，将输液瓶挂在输液架上，固定通气管于瓶套上。

4）排气。折叠输液管下段管体，挤压时可产生负压，药瓶内药液快速流出，待药液流入滴管内，待液体量达1/3高度时，打开流量调节阀，待排尽导管内的空气后，拧紧调节阀，连接针头。

5）选择静脉。大动物静脉输液一般选择颈静脉，犬、猫为前肢桡静脉。按常规剪毛消毒后，扎止血带。

6）再次核对药液和检查输液管内有无气泡后持针头进行静脉穿刺。见回血时，再进针少许，放松止血带和调节器，用胶布固定针头。

7）根据动物的个体大小、病情、药物性质调节输液滴速。

8）输液完毕，拧紧调节器，除去胶布，用消毒干棉球按压穿刺点上方，迅速拔针。

按压穿刺点片刻至无出血。

（2）输液故障及排除方法

1）药液不滴。针头滑出血管外：药液漏到皮下组织，引起局部肿胀疼痛，如血管不清晰，则另选其他部位血管重新刺入。

针头斜面紧贴血管壁：溶液滴入受阻，可调整针头位置或适当变换肢体位置。

针头阻塞：折叠夹紧滴管下段输液管，同时挤压近针头处输液管，若感觉有阻力，且无回血，表明针头阻塞。应更换针头重新穿刺。

压力过低：由动物外周血液循环不良或输液瓶位置过低所致，可提高输液瓶位置。

静脉痉挛：用热水袋或热毛巾敷于穿刺上端部位，可解除静脉痉挛。

2）滴管内液面过高。从输液架取下输液瓶，倾斜液面，使输液瓶内的针头露出，待输液管内药液徐徐流下，直到滴管露出液面，再将输液瓶挂在输液架上继续输液。

3）滴管内液面过低。折叠夹紧滴管下段输液管，同时挤压塑料滴管，直至液面升高至滴管1/2处，松开下段输液管。

4）滴管内液面自行下降。检查滴管上段输液管和滴管有无漏气或裂缝，必要时更换输液器。

3. 皮内注射 皮内注射是将药液注入表皮与真皮之间的注射方法，多用于诊断。

（1）目的 观察药物过敏反应，如牛结核、副结核、马鼻疽等；进行预防接种，如注射炭疽疫苗、绵羊痘苗等；应用于局部麻醉的先驱步骤。一般皮内注射药液或疫苗量为0.1~0.5mL。

（2）操作方法 根据不同动物可选在颈侧中部或尾根内侧。

注射部位用75%乙醇棉球自中间开始，按顺时针方向进行环形并向外消毒直径约5cm的圆形区域，待干。需要注意在消毒时，忌用含碘消毒剂，以免影响观察结果。注射器内吸取药液后排尽注射器内空气，左手绷紧动物注射部位，右手持注射器，针头斜面向上，与皮肤成5°角刺入皮内。待针头斜面全部进入皮内后，左手拇指固定针柱，右手推注药液，注射部位呈半圆形隆起，局部皮肤颜色变白，俗称"皮丘"。注射完毕后迅速拔出针头，术部轻轻消毒，应避免压挤局部。

注射正确时，可见注射局部形成一半球状隆起，推药时感到有一定的阻力，如误入皮下则无此现象。

4. 皮下注射 皮下注射是将药液注入皮下结缔组织内的注射方法。

（1）目的 将药液注射于皮下结缔组织内，经毛细血管、淋巴管吸收进入血液，发挥药效作用，从而达到防治疾病的目的。凡是易溶解、无强刺激性的药品及疫苗、菌苗、血清、抗蠕虫药（如伊维菌素）等，以及某些局部麻醉剂、不能口服或不宜口服的药物要求在一定时间内发生药效时，均可作皮下注射。

（2）操作方法 注射部位多选择在皮肤较薄、皮下组织丰富、活动性较大的部位。一般在颈部、背部或股内侧。

动物站立保定，注射部位剪毛消毒后，术者左手拇指和中指将注射部位的皮肤提起，食指指尖按压在提起的皮肤皱褶上，形成一皱褶窝，右手持注射器，将针头沿食指指尖处的皱褶窝成30°~40°角刺入，如感觉针头无阻力，能自由活动，且在拇指与中指之间感觉到针头的存在，说明已刺入的皮下，回抽无回血即可注射药物。

（3）注意事项

1）刺激性强的药品不能作皮下注射，特别是对局部刺激较强的钙制剂，如氯化钙；砷制剂，如五氧化二砷；水合氯醛及高渗溶液等，易诱发炎症，甚至造成组织坏死。

2）进针角度以针头与皮肤呈30°为宜。

3）要做到两快一慢，即进针快，拔针快，注射慢。

4）切勿将针梗全部刺入，以防针梗从根部衔接处折断。

5）皮下需要注射大量药液时，应分点注射。

5. 肌肉注射 肌肉注射是将药物注入肌肉内的注射方法。

（1）目的 因肌肉内无较大的神经，且血管较为丰富，注射药液后吸收快，疗效显著，是临床上常用的注射方法。

（2）操作方法 注射器准备同皮下注射，根据动物种类和注射部位不同，选择大小适当的注射针头，犬、猫一般选用7号，猪、羊用12号，牛、马用16号。注射部位：常选在肌肉发达，无大血管通过的部位。大动物及犊牛、马驹、羊、犬等多在颈侧及臀部；猪在耳根后、臀部或股内侧；禽类在胸肌部或大腿部。

动物适当保定，注射部位局部常规消毒处理。大动物肌肉注射往往为了保证操作者的安全，避免大动物受到伤害，右手持注射针头，迅速垂直插入注射部位，待动物情绪稳定时，左手扶持针头，右手持注射器针筒与刺入肌肉内的针头连接，回抽无血液即可注射药液。注射完毕后，拔出针头，用酒精棉球按压注射部位进行消毒止血。小动物注射方法一般是先连接针头和注射针筒，左手拇指与食指对注射部位皮肤按压使该部位皮肤紧张，然后，右手持注射器垂直刺入肌肉内，回抽无血液，即可注射药液，消毒拔针。

（3）注意事项

1）如误插入血管中，回抽血液，发现有少量血液出现，则针头稍稍向外拔一点；如回抽血液，有多量血液出现，则迅速将针头拔出，酒精消毒后，重新备药，重新插入。

2）切勿将针梗全部刺入，以防针梗从根部衔接处折断。如针梗折断，则保持注射部位不动，通过血管钳夹住断端拔出，如针梗全部埋入肌肉内，则进行手术取出。

3）长期进行肌肉注射的动物，需对注射部位进行更改变换，以防硬结的发生。

4）两种及两种以上药物同时注射时，应注意药物配伍禁忌，可进行多点部位注射。

5）皮肤有病理变化的部位，不宜注射药液。

6. 静脉注射 静脉注射又称血管内注射，是将药液注入静脉内，治疗危重疾病的主要给药方法。

（1）目的 将药液直接注射于静脉管内，使其随着血液分布全身，见效快。但排泄也较快，作用时间较短。

（2）操作方法 少量注射时可用较大的（50~100mL）注射器，大量输液时则应用输液瓶（500mL）。注射部位：大家畜均在颈静脉的上1/3与中1/3的交界处，猪在耳静脉或前腔静脉；犬、猫在前肢腕关节正前方偏内侧的前臂皮下静脉和后肢跗部背外侧的小隐静脉，也可在颈静脉；禽类在翼下静脉；特殊情况，牛可在胸外静脉及母牛的乳房静脉。

1）牛的静脉注射。牛颈静脉位于颈静脉沟内，令助手或畜主进行徒手或牛鼻钳保定，如牛骚动不安，则可在六柱栏内保定，固定好头部。操作者左手中指及无名指压迫颈静脉下方，使静脉怒张，右手持针头，对准注射部位并使针头与皮肤垂直，用腕力迅速将针头刺入血管，见有血液流出后，将针头再沿血管向前推送，然后连接注射器，将药液注入血管中。

2）马的静脉注射。操作者对采血部位进行剪毛、消毒后，用左手按压食管沟，待远心端静脉充盈怒张时，右手持针头沿颈静脉径路，朝心脏方向迅速刺入颈静脉内，见有回血，再沿脉管向前推送一点，连接注射器，放开左手，徐徐注入药液。注射完毕后，左手持酒精棉球压住注射部位，右手迅速拔出针头即可。

3）犬的静脉注射。给犬戴上口笼，令助手或畜主使犬俯卧在台面上，在前肢腕关节正前方稍偏内侧找到桡静脉，剪毛消毒后，用止血带或乳胶管结扎肘部部位，使桡静脉怒张，操作者左手握住前肢腕关节，右手持注射器刺入桡静脉，回抽见有血液后沿静脉径路再进针少许，松开止血带或乳胶管，注入药液。注射完毕后，以干棉签按压穿刺点，迅速拔出针头，局部按压片刻止血。

4）猪前腔静脉注射法。前腔静脉为汇集头、颈、前肢和部分胸壁和腹壁回流入右心房的静脉干，位于心前纵隔内，第一肋骨与胸骨结合处前侧的胸腔前口。小猪采用倒提保定法，一助手倒提两后肢，另一助手固定小猪头部及其中一前肢，采血者固定另一前肢，也可以进行仰卧保定。而中、大猪采用站立保定。在第1肋骨与胸骨柄结合处有左右对称性的凹窝（隐窝），即前腔静脉注射部位。因左侧采血容易碰到膈神经，故大多数采血一般在右侧隐窝内进行。该部位剪毛消毒后，持针对准采血部位垂直下针，略偏向胸口和气管，感觉有负压感时，表明刺入到前腔静脉血管中，抽动注射器活塞，见有回血，便可徐徐注入药液。注射完毕后，左手持酒精棉球紧压针孔，右手拔出针头，压迫片刻即可。

（3）注意事项

1）应严格遵守无菌操作规程，对所有注射用具及注射部位进行严格消毒。

2）注意检查针头是否通顺，反复刺入则易被组织或血凝块堵塞，如堵塞，须及时更换。

3）要明确注射部位，穿刺后回抽无血液时，无须拔出针头，而应及时调整针头方向再刺入。

4）静脉注射量大时，速度不宜过快，药液温度要接近于体温，浓度以等渗为宜。

5）静脉注射过程中，需要注意动物临床表现，如出现烦躁不安、出汗、气喘、呼吸困难、肌肉震颤甚至昏迷，则应及时停止注射药液。

7. 气管内注射 气管内注射是将药物注入气管内，使药物直接作用于气管黏膜的注射方法。

（1）目的　　用于肺部的驱虫及气管与肺部疾病的治疗。

（2）操作方法　　病畜站立保定或侧卧（病侧肺部朝下）保定。注射部位一般在颈上部，腹侧面正中，两个气管软骨环之间。

注射部位剪毛消毒。操作一手持连接针头的注射器，另一手握住气管，于两个气管软骨环之间,垂直刺入气管内,此时摆动针头,感觉前端空虚无阻力,再缓缓滴入药液。当病畜出现咳嗽,则暂停注射。注射完毕后拔出针头,涂擦碘酊消毒。

(3)注意事项

1)气管内注射的药液温度要与体温相近,以减少刺激。

2)注射时速度不宜过快,注射量也不宜过多。

3)注射过程中出现咳嗽,应暂缓注射。

4)必要时,可以先注射2%普鲁卡因,避免药物诱发剧烈的咳嗽。

8. 胸腔内注射　　胸腔内注射是将药液或气体注入胸膜腔内的注射方法。

(1)目的　　为了治疗胸腔内的炎症,将治疗药物直接注射于胸腔中起到治疗作用或用于穿刺采取胸腔渗出液,以供实验室检验诊断。

(2)操作方法　　反刍动物(牛、羊)于右侧胸壁第5肋间,左侧第6肋间;马属动物于右侧胸壁第6肋间,左侧第7肋间;猪于右侧胸壁第5肋间,左侧第7肋间。犬猫再右侧胸壁第6肋间,左侧第7肋间。各种动物均在胸外静脉上方2cm处沿肋骨前缘刺入。

动物站立保定,注射部位剪毛消毒。术者左手先将穿刺部位皮肤稍向前方拉动1~2cm,右手持连接针头注射器(大动物选用20号长针头,小动物选用7号针头)沿肋骨前缘垂直刺入(深度约4cm)注射药液。注射完毕,拔出针头,左手放开注射部位皮肤后,对注射部位进行消毒处理。

(3)注意事项

1)胸腔内有心脏和肺脏,针头不宜过长,也不宜过深。

2)穿刺或注射过程中应防止空气窜入胸腔而人为造成气胸。

9. 腹腔内注射　　腹腔内注射是将药液注入腹腔内的一种注射方法。

(1)目的　　腹膜炎治疗;抽出腹水进行肠变位、胃肠破裂;小动物腹腔麻醉。

(2)操作方法　　牛、马在右侧肷窝部;犬、猪、猫则两侧后腹部。猪在第5~6乳头之间,腹下静脉与乳腺中间进行。

大家畜站立保定。小家畜侧卧或倒提保定。注射部位消毒,术者一手把持腹壁,另一手持连接针头的注射器在距耻骨前缘3~5cm处的腹白线偏1~2cm处(牛羊因左侧瘤胃存在,一般在右侧)垂直刺入腹腔,如摇动针头有空虚感,即可注射。注射完毕后,拔出针头,对刺入部位进行消毒处理。

(3)注意事项

1)注射药液应预温至38℃左右。所注药液应为等渗溶液,最好选用生理盐水或林格氏液作为溶媒。

2)腹腔内注射的药液剂量不宜过大,每次的注射量应根据实际情况而定。

3)禁用刺激性的药物,以防发生腹膜炎和组织坏死。

4)选用适宜的针头,不宜过长,否则易刺伤内脏,也不宜过短,否则易造成针头发生移位于腹壁与腹膜间,达不到药液的治疗目的。

10. 瘤胃内注射　　瘤胃内注射是将药液经套管针(或其他针头)注入瘤胃内的注射方法。

(1)目的　　治疗瘤胃炎，制止瘤胃发酵产气。

(2)操作方法　　准备套管针或合适针头、手术刀、剪毛剪及常规消毒药品。注射部位选择在左侧肷窝部，由髋结节向最后肋骨所引水平线的中点，距腰椎横突10~12cm处。也可选在瘤胃隆起最高点注射。

反刍动物站立保定，注射部位剪毛，刮毛，消毒后，做1cm的切口，若用套管针时，术者左手将局部皮肤向前推移，右手持套管针通过切口向对侧肘头方向刺入10~20cm，左手固定套管针外套，右手拔出针芯，用右手食指堵住套管针针孔，间歇性放气。待瘤胃内气体排尽后，注射药液。若无套管针时，通过皮肤切口（小动物无须切开皮肤）刺入，要注意针孔是否有堵塞情况。穿刺结束后，插入针芯，用左手压紧针孔周围皮肤，拔出针头，进行消毒处理。

(3)注意事项

1）瘤胃放气不宜太快，要匀速。

2）拔针要迅速，药液不能漏到腹腔内，以免引起腹膜炎的发生。

3）同一个注射点不能反复穿刺注射。

11. 瓣胃内注射　　瓣胃内注射是将药液注入反刍动物瓣胃内的注射方法。

(1)目的　　治疗瓣胃阻塞。

(2)操作方法　　瓣胃位于右侧第7~10肋间，注射点在右侧第9肋间与肩关节水平线相交点上、下2cm的部位。

反刍动物站立保定，注射部位剪毛消毒。术者持15cm长针头（18号）垂直刺入皮肤后，针头朝左侧前肢肘头方向刺入8~10cm（刺入瓣胃有沙沙感），为确保刺入瓣胃内，可连接注射器进行回抽，必要时注射20~50mL生理盐水，如抽出混有草屑的胃内容物，即在瓣胃内，便可注射药液。注射完毕，迅速拔出针头，局部进行消毒处理。

(3)注意事项

1）动物保定要牢固可靠，以免发生安全事故。

2）注射部位要准确，确保药物注射到瓣胃。

第十二节　尿液检查

动物医学临床检查主要依靠问诊、视诊、触诊、听诊和嗅诊等手段，也可通过物理、化学、组织学、免疫学等实验方法，对采集的样本（如血液、分泌物、排泄物、组织等）进行检查，研究动物机体的生理和病理学改变，并借此推断病因、发病机制和疾病的严重程度，可为确诊、治疗及预后提供实验数据。

实验室诊断的主要内容包括血液学检查、尿液检查、生理生化指标检查、微生物学检查、寄生虫学检查等内容。但实验室检查结果因标本采集、仪器操作、个体差异等原因会有偏差，因此实验室检查结果必须要结合临床，进行综合分析，才具有诊断价值。

在很多疾病过程中，血液学指标会发生改变，通过对血液中红细胞、白细胞的数量和形态学的检查，对确诊疾病类型有指示意义。采血及血液的处理、红细胞沉降速率、红细胞计数等操作在《动物医学实验技术——基础兽医学》中已详细阐述，本节不再赘述。

尿液是机体排泄系统产生的终代谢产物，其是血液经过肾小球滤过、肾小管和集合管重吸收后的产物。尿液的组成和性状反映出机体的代谢状况，而且还受机体各系统功能的影响。因此，尿液的指标变化不仅能反映泌尿系统的疾病，对于其他系统疾病的诊断、治疗及预后也具有重要意义。尤其是机体发生水、盐代谢障碍和酸碱平衡紊乱时，尿液指标往往具有指示性意义。

尿液检查主要包括物理学检查、化学检查和显微镜检查三个方面。尿液检查前的收集，往往对检查结果有较大影响，一般尿液采集后，应立刻进行尿液的保存，然后送实验室检查。通常用导尿管插入膀胱采取尿液或在动物自然排尿时接取尿液，尿液应盛于干净的玻璃瓶中。如不能马上进行检查或需要送检时，应放在冰箱内或加入防腐剂保存，以防尿液发酵分解。但如果要进行尿液细菌培养检查，则不能加入防腐剂。常用防腐剂有0.1%福尔马林、0.5%甲苯等。

一、尿液物理学检查

1. 尿色检查

（1）血尿　　特征：浑浊而不透明，振荡后呈云雾状，放置后沉淀，严重时尿色变红。临床意义：见于急性肾炎、肾结石、膀胱炎及尿道出血。

（2）血红蛋白尿　　特征：颜色均匀且无沉淀。临床意义：见于牛巴贝斯虫病、钩端螺旋体病、新生仔畜溶血病、牛血红蛋白尿等。

（3）肌红蛋白尿　　特征：颜色均匀且无沉淀。临床意义：见于马肌红蛋白尿症及硒缺乏。

2. 尿透明度、黏稠度、气味检查

（1）浑浊度增加　　特征：新鲜尿液即浑浊不透明。临床意义：见于泌尿生殖器官疾病（尿液中混有炎性细胞、血细胞、上皮细胞、管型、坏死组织碎片、细菌及大量黏液）。

（2）透明度增加　　特征：尿液清亮如水。临床意义：用于马属动物的纤维性骨营养不良，尿液变酸的疾病。

（3）黏稠度　　升高：见于多尿或尿液呈酸性疾病。降低：见于肾病、肾盂、膀胱、尿道炎症。

（4）气味　　腐败气味见于膀胱或尿道溃疡、化脓、坏死等疾病。酮味见于奶牛酮病、羊妊娠毒血症。

3. 尿液比重测定

（1）比重计法　　将被检尿液沿筒壁加入100mL量筒内，至约2/3高度，然后将尿比重计（比重为1.000~1.060）缓慢放入尿液内，待比重计稳定后，尿液凹面的刻度读数即为被检尿的比重值。

注意事项：倒入尿液时，必须沿筒壁，勿使液面产生气泡，否则会影响读数；尿比重计不可触及筒壁，否则会影响读数；当尿量不足时，可用蒸馏水将尿液稀释数倍，然后将测定的尿比重的最后两位读数乘以稀释倍数，即得原尿比重；一般尿比重计上都指明了测定温度，如不在指定温度下测定时，则每升高3℃将测出比重数加0.001，每降低3℃，要减去0.001；新购入的比重计应在使用前，用蒸馏水（4℃时比重为1.000）或其他已知比重液体检查校正。

（2）折射法　将折射计物镜朝向光亮处，调节目镜视度调节环，使刻度清晰可见。在蓝色的棱镜面上加 1～2 滴蒸馏水，关闭盖板后用螺丝刀调节 W 线校正螺丝，使明（白色）暗（蓝色）界线与 W 线一致，亦即调到左侧与 W 线一致，右侧与 1.000 一致。打开盖板，擦净棱镜端面。在干净的棱镜端面上滴加 1～2 滴尿液样品，关闭盖板。朝向亮光处，观察视野内明暗分界线所对应的数值，即为被检尿样的比重值。

二、尿液化学检查

1. 尿液 pH 测定（广范 pH 试纸法）　将广范 pH 试纸一端用尿液浸湿，与标准比色板比较，即可知尿液的大概 pH。如欲做比较精密的 pH 测定，可根据 pH 试纸的测定值，选用一定范围的精密 pH 试纸测定。正常值：马 7.2～7.8；牛 7.7～8.7；羊 8.0～8.5；猪 6.5～7.8。降低：见于某些发热疾病、长期饥饿和酸中毒。增高：见于尿道阻塞和膀胱炎等。

2. 尿蛋白定性试验　检查尿蛋白的原理是基于蛋白质遇酸、重金属盐或中性盐时可发生凝固、沉淀等反应，也可基于加热或加乙醇时使尿液凝固的反应来进行检测。

（1）加热凝固法　原理：蛋白质在 pH 4.0～4.6 的弱酸性溶液中，加热后会凝固变性，生成沉淀。沉淀的多少与尿内蛋白质含量成正比。

试剂：10%乙酸，10%硝酸。

方法：取尿液 5～10mL 加到大试管中，用试管夹斜持试管，在酒精灯上加热试管上部至沸腾时，加入 10%乙酸 2～3 滴，再加热至沸腾。立即在黑色背景下，观察煮沸部分有无浑浊现象，并与下部未煮沸尿对比，按以下标准报告结果。

－	尿清晰，在黑色背景下不显浑浊。
±	在黑色背景下呈轻度浑浊，含蛋白质＜0.01%。
＋	白色浑浊，但不见颗粒及絮状沉淀，含蛋白质 0.01%～0.03%。
＋＋	明显的颗粒样浑浊，但不见絮状沉淀，含蛋白质 0.04%～0.20%。
＋＋＋	有大量絮状沉淀，但不见凝块，含蛋白质 0.20%～0.50%。
＋＋＋＋	有大量絮状沉淀和凝块，含蛋白质＞0.50%。

此外，尿液煮沸冷却后，再加入 10%硝酸 1～2 滴，若沉淀消失系由碳酸盐或可溶性磷酸盐所造成的假性反应。若加硝酸后，浑浊仍不消失，才证明尿中含有一定量的蛋白质。

（2）磺基水杨酸法　原理：在酸性环境中，磺基水杨酸的酸根与蛋白质的氨基残基的阳离子部分结合，能生成不溶解的蛋白质盐沉淀而使尿液变浑浊。

试剂：20%磺基水杨酸（磺基水杨酸 20g，加水至 100mL）。

方法：取澄清的酸化尿液数毫升加入试管中，加入试剂 2～3 滴，待 3～5min 后观察结果，并按以下标准判定结果。

－	尿清晰，不显浑浊。
±	轻度浑浊。
＋	有明显的白色浑浊。

++ 　　　稀乳样浑浊。

+++ 　　乳样浑浊，或有少量白色絮片。

++++ 　絮片状浑浊。

本法较灵敏，有时会也出现假阳性反应，因此，本法检出的阳性尿再加热煮沸。如经煮沸后，浑浊消失，则应判为阴性。

如尿液呈碱性，则应先加10%乙酸调节到弱酸性后再行检查，否则易造成假阳性反应。可将酸化尿1～2滴置于载玻片或凹玻片上，再滴加1～2滴试剂，在黑色背景上观察。如有蛋白质存在，立即产生白色浑浊。

尿蛋白常见于肾炎、肾病、发热性疾病、代谢性酸中毒、膀胱炎等。

3. 尿中潜血检验　原理：尿液中的血红蛋白或红细胞被酸破坏产生的血红蛋白，有类似过氧化氢酶的作用，其可以分解过氧化氢而产生新生态氧，使芳香族胺类或酚类（如联苯胺、联邻甲苯胺等）氧化（脱氧）生成蓝色的化合物（联苯胺蓝），根据色泽深浅，可知潜血的严重程度。常用的方法有联邻甲苯胺法、联苯胺法和氨基比林法等。

（1）联邻甲苯胺法　试剂：1%联邻甲苯胺（联邻甲苯胺1g，冰醋酸50mL，无水乙醇50mL），3%过氧化氢，乙醚。

方法：取尿液5mL置于大试管中，加热煮沸以破坏可能存在的过氧化物酶。待冷却后，加入冰醋酸10滴，使尿呈酸性。再加乙醚约3mL，加塞充分振荡。然后静置片刻，使乙醚层与尿分层后用滴管吸取乙醚层，滴2滴于白瓷反应盘中，然后加入1%联邻甲苯胺2滴，3%过氧化氢2滴。按以下标准记录反应结果。

— 　　　3min后不显蓝绿色。

+ 　　　30～60s内显蓝绿色。

++ 　　立即显蓝绿色。

+++ 　立即显深蓝色。

当乙醚层呈胶状不易分层时，可加入95%乙醇少许，轻摇即可促使其分层。本法呈色稳定，灵敏度高，试剂无致癌作用，是尿液和粪便潜血试验的首选方法。

（2）联苯胺法　手术刀取联苯胺粉一刀尖置于洁净试管内，加冰醋酸1～2mL，振荡溶解，加入3%过氧化氢1～2mL，充分混合后将煮沸后冷却的被检尿液重叠在其上，若两液界面上出现绿色或蓝色环，则为阳性反应，结果判定同上。

（3）氨基比林法　取新鲜尿液置于试管中，加热煮沸以破坏可能存在的过氧化物酶。冷却后加入冰醋酸1～2滴，混匀。用滴管将混合试剂（检查前现用现配，将50g/L氨基比林乙醇溶液与3%过氧化氢等量混合）沿管壁缓慢加入试管，使其与尿液形成接触面。立即观察两液界面颜色，若形成淡紫色到紫蓝色环为潜血试验阳性，3min后仍不显色为潜血试验阴性。

尿潜血常见于泌尿系统各部位出血，如急性出血性肾小球性肾炎、肾盂肾炎、膀胱炎和尿道炎等。

4. 尿中酮体检查（亚硝基铁氰化钠法）　原理：尿中的丙酮和乙酰乙酸在碱性溶液中与亚硝基铁氰化钠作用呈红色，且在乙酸溶液中也不消退。

试剂：5%亚硝基铁氰化钠（需新鲜配制，贮存于棕色瓶中），10%氢氧化钠，20%

乙酸。

方法：取尿液 2.5mL 置于洁净试管中，随即加入 5%亚硝基铁氰化钠和 10%氢氧化钠各 5 滴，颠倒混合，再加 20%乙酸 10 滴。尿液呈红色者为阳性反应，加入 2 滴乙酸后红色消退者为阴性反应。阳性尿可按以下标准判定结果。

+　　　　浅红色，含丙酮 3%～5%（0.52～0.86mmol/L）。
++　　　红色，含丙酮 10%～15%（1.72～2.58mmol/L）。
+++　　深红色，含丙酮 20%～30%（3.44～5.17mmol/L）。
++++　黑红色，含丙酮 40%～60%（6.89～10.33mmol/L）。

尿中如含有大量尿酸盐，可出现棕黄色，不应判为阳性。为减少试剂用量，降低检测成本，可将各种试剂制成混合粉剂（亚硝基铁氰化钠 1g，研碎成粉末后，加入无水碳酸钠 30g 和硫酸铵 50g，充分混匀，烘干）。测定时取粉末少量于白瓷反应盘中，加尿液数滴，10min 后观察反应。如在粉剂周围出现紫红色即为阳性反应。

尿酮体阳性常见于奶牛酮病、奶山羊妊娠毒血症、犬猫糖尿病等。

5. 尿中葡萄糖检查　　原理：尿中葡萄糖的醛基，在热碱性溶液中，能将硫酸铜还原成黄色的氧化铜和黄红色的氧化亚铜。

试剂：班氏试剂：甲液（枸橼酸钠 173g，无水碳酸钠 100g，水 700mL，共置于一大烧杯内，加热助溶），乙液（硫酸铜 17.3g，蒸馏水 100mL，加热溶解）。待冷却后将乙液慢慢加入甲液中，边加边搅拌，加蒸馏水补足 1000mL，过滤后置棕色瓶内备用。

方法：取班氏试剂 2mL，加尿液 4 滴，混合后加热煮沸 1～2min，静置 5min 后观察结果，管底出现黄红色沉淀者为阳性反应，按以下标准判定。

±　　　　冷却后显绿色，但无沉淀，含糖 0.1%（5.6mmol/L）。
+　　　　冷却后有微量黄绿色沉淀，含糖 0.1%～0.5%（5.6～28.0mmol/L）。
++　　　煮沸 1min 即可有少量黄绿色沉淀，含糖 0.5%～1.4%（28.0～78.4mmol/L）。
+++　　煮沸 10～15s 即有黄色沉淀，含糖 1.4%～2.0%（78.4～112.0mmol/L）。
++++　煮沸即有黄色并渐变为红棕色沉淀，含糖 2.0%以上（112.0mmol/L）。

班氏试剂煮沸后如发现变色或出现沉淀时，不可使用，应重新配制。如应用大量还原性药物，如维生素 C、链霉素、水杨酸制剂等，可产生假性反应。尿中的蛋白质可与铜离子结合形成沉淀，妨碍试验，故应用加酸煮沸除去后再做试验。为简化试验步骤，也可用尿糖试纸。

尿糖常见于糖尿病、甲状腺功能亢进、肾上腺皮质功能亢进、肾脏疾病、化学药物中毒、肝脏疾病等。

6. 尿中胆红素检查　　原理：用碘氧化胆红素，使之成为绿色的胆绿素。

试剂：稀碘液（碘 1g，碘化钾 2g，蒸馏水 300mL）。

方法：取尿液 2mL 置于洁净试管中，沿管壁加入稀碘液 1mL，在两液面交界处形成绿色环者为胆红素阳性，可按以下标准判定结果。

−　　　　静置 10min 以上不显绿色环。
+　　　　静置 10min 显绿色环。
++　　　当即显绿色环。

＋＋＋　　当即显深绿色环。

7. 尿中尿胆素原检查　　原理：尿胆素原在酸性溶液中可与二甲基甲醛作用，生成红色化合物。

试剂：艾氏试剂（对二甲氨基苯甲醛 2g，浓盐酸 20mL，蒸馏水加至 100mL）。

方法：取试管一支加入尿液 9mL 和艾氏试剂 1mL，颠倒充分混合，静置 10min。在试管前衬一白纸，于光线明亮处，两眼自管口视向管底，观察尿液垂直内的颜色呈樱桃红色者为阳性反应。

正常动物尿液一般呈阳性反应，可将尿液稀释 2、4、8、16 倍后，再按同法操作。若稀释 8 倍以上呈明显樱桃红色，则证明尿胆素原增多。

尿胆素原增多见于溶血性疾病和肝实质性疾病；减少或消失见于阻塞性黄疸。

第二章　兽医外科学实验基本操作

第一节　手术器械的使用及常用敷料的制作

近年来，随着人医外科学的发展，新的手术术式、微创外科在兽医外科学也得到大量应用。与此同时，新的手术器械也应运而生，不断推陈出新。

兽医外科手术的成功与否，除了与手术者的技术水平、经验和相互之间的配合程度有关外，还与操作过程中对手术器械的良好认知和操作熟练度有关，因此，在兽医外科学的实验训练中，让学生通过反复认知、熟练操作手术器械，打下扎实的手术基础，可以更好地发挥他们的手术技能，使动物手术做得更好更完美。

一、常用手术器械的辨认、使用方法

手术器械是手术者进行手术操作的重要工具，认识和掌握手术器械使用方法并能正确、熟悉操作，是手术者最基本的技能。

1. 普通外科常用器械

（1）手术刀　有可更换刀片手术刀及整体式手术刀两种，前者常用。一般常用的刀柄规格为 4、6、8 号，这三种刀柄只能安装 19、20、21、22、23、24 号大刀片；3、5、7 号刀柄只能安装 10、12、15 号小刀片，多用于眼科手术。

使用手术刀的关键在于锻炼稳重而精确的动作。执刀方法必须正确、切割力量要适当。执刀方法有以下几种。

指压式（卓刀式）：以手指按压刀背后 1/3 处，用腕与手指力量切割，用于切开皮肤、腹膜及切断钳夹的组织。

执笔式：如同执钢笔，力量主要在手指，需用小力量短距离精细操作，适用于切割小切口，分离血管、神经等。

全握式（抓持式）：力量在手腕，用于切割范围广、用力较大的切口，如较长的皮肤切口和筋膜、慢性增生组织切口等。

反挑式（挑起式）：刀刃由组织内部向外面挑开，以免损伤深部组织，如腹膜切开、浅部脓肿切开等。

不论采用何种执刀方式，拇指均应放在刀柄的横纹或纵槽处，食指稍在其他指的近刀片端，以稳住刀柄并控制刀片的方向和力量。手术刀的使用范围，除切割组织外，还可用刀柄作组织的钝性分离、剥离骨膜。在手术器械不足的情况下，可代替手术剪剪断或分离组织。装刀片或取刀片时，宜用血管钳或持针钳夹持，避免割伤手指。目前高频电刀被引入兽医临床手术，在进行血管比较丰富的组织手术过程中经常被使用。

（2）手术剪　手术剪主要用于剪切敷料、动物表皮组织或软组织。手术剪分为弯剪、直剪两种。剪刃尖端又有钝头（双圆刃）、锐钝头（尖圆刃）、锐头（双尖刃）三种。

钝头弯剪多用于胸、腹腔深层组织手术；尖头直剪常用于剪线及浅层组织解剖；锐钝头剪通常用于拆线。

使用时，以拇指和无名指插入剪柄两环，不宜插入过深，食指轻压在剪的轴节处，中指放在无名指环的外方柄上。

（3）手术镊　　手术镊用于夹持组织，以利解剖和缝合。根据长短不同可分为长镊和短镊，根据尖端形态分为有齿镊和无齿镊。有齿镊又分粗齿和细齿，粗齿镊常用于夹持较硬的组织，容易造成损伤，细齿镊用于精细手术，无齿镊用于夹持脆弱组织及脏器。

执镊方法：用拇指对食指和中指执拿，一般多用左手，执夹力量适中。

（4）血管钳　　亦叫止血钳，血管钳按齿槽床结构不同，分为直、弯、直角、弧形等。常用的血管钳尖端为平端，尖端带齿者称为有齿血管钳。血管钳的主要用途为夹住出血部位的血管与组织，以便结扎止血。有时用于剥离组织、牵引缝线。

血管钳的执拿方法与执手术剪相同。松钳方法：用右手时，将拇指及无名指插入柄环内捏紧，使其扣分开，拇指内旋即可；用左手时，拇指及食指持一柄环，第三、四指顶住另一柄环，二者相对用力即可松钳。

（5）持针钳　　或称持针器，常用的有两种：一种是人医使用的美育-海格式（钳式）持针钳，另一种是德式（握式）持针钳。持针钳多夹持弯针，一般应夹在缝针的1/3处，靠近持针钳的尖端。

钳式持针钳的执拿方法同执手术剪，有时为了争取速度，手指不必插入柄环内，而以拇指、中指、无名指握住钳柄端，食指仍稳住轴节处。

（6）组织钳　　亦称鼠齿钳，对组织压迫较血管钳轻，一般用于夹持软组织，不易滑脱，执拿方法同血管钳。

（7）肠钳　　亦称肠吻合钳，分为直形和弯形两种，用于夹持肠管，齿槽薄而弹性好，使用时应外套一橡皮管，以减少对肠组织的损伤。

（8）海绵钳　　亦称环形钳、卵圆钳，有齿纹的多用于夹持纱布作皮肤消毒或钝性分离用，无齿的可用于夹持脏器，如瘤胃。

（9）巾钳　　用于固定创巾，以防创巾移动。

（10）缝合针　　简称缝针，根据缝针的形态可分为直针、半弯针、弯针三种，弯针弧度大多用于深部组织缝合。缝针尖端有圆形和三棱形两种，三棱针较锋利，用于缝合皮肤、软骨、韧带等坚韧组织，但容易形成损伤，其他组织应用圆针缝合。缝针穿线的针眼也有两种，一种为闭环式孔，一种为弹机针孔。

无论使用直针、半弯针还是弯针进行缝合，用力方向应与针的方向一致，尤其是弯针缝合时，用力方向应与弯针的弧线方向一致，拔针时应顺弯针弧度从组织中拔出，否则容易折断。

（11）缝线　　目前所用的缝线分为可吸收缝线和不可吸收缝线。可吸收缝线最常用的为羊肠线，一般用化学方法灭菌，储藏于无菌玻璃或塑料管内。使用时，从玻璃管中取出缝线，在灭菌生理盐水中浸泡，待其恢复韧性后，即可使用。可吸收缝线能够暂时性维系对合伤口的创缘，直至伤口愈合到能够承受正常张力为止，不需拆除。肠线主要用于内脏器官（如胃、肠、膀胱等）的缝合。

不可吸收缝线有非金属与金属线两种。非金属线常用的为丝线，金属线一般称为"不锈钢丝"，在兽医临床上很少应用。不可吸收缝线主要用于体表皮肤的缝合，通常在伤口完全愈合后拆除，也可用于体腔内缝合，但会一直存在于组织中。

（12）拉钩　　又称牵开器、创钩，根据需要有各种不同类型，常用的有爪状单头拉钩、腹部单头拉钩、腹部双头拉钩及自行固定牵开器。拉钩主要用于牵开手术术野表面组织，显露深部组织，以利于手术操作。

（13）探针　　又称探子或探条，有普通探针和有槽探针之分，用以探查窦道，借以引导切开腹膜等。

2. 骨科手术常用器械　　骨组织分布较广，大多在神经血管丰富部位，因此手术切口比较复杂。骨科手术常用器械有圆锯（颅骨环钻）、咬骨钳（咬除死骨或修整骨残端）、骨剪（用于剪断或修剪骨组织）、肋骨剪（主要用于剪断肋骨）、骨膜剥离器（用于分离骨膜，又可分为单头骨膜剥离器、双头骨膜剥离器、肋骨骨膜剥离器）、骨凿（用于修正骨骼组织，取骨组织）、骨锤（用于敲击骨凿）、线锯等。

二、器械的保管

1）使用过的器械，放入冷水中充分浸泡后洗净血迹，特别注意有齿槽的手术器械和剪、钳的活动轴处，要彻底清洗干净，然后用干纱布擦干，放置于干燥处。胶质品应晾干，敷以适量滑石粉，妥善保存。

2）利刃器械与精密器械要和普通器械分开存放，以免相互碰撞发生损坏。

3）金属器械在非紧急情况下，禁止用火焰烧灼灭菌。

4）在手术前，根据手术所需用量，准备不同数量手术器械，制成手术包，并高压消毒。

三、实验室棉球、纱布棉球和纱布块的制作

1. 棉球的制作　　将脱脂棉分成薄片，再将棉片撕成 2cm×4cm 的长条，将长条的长边向内折叠，从未折叠的大边翻卷至另一边时，将毛边拧紧。

此种棉球常用于肌肉注射时皮肤消毒，用时手拿拧紧的一边，抖开将针头裹于其中。

2. 纱布棉球的制作　　将纱布剪成 15~20cm 的方块，然后把纱布块按对角线剪开，将棉花包于三角形纱布块中，卷紧后打成死结，将结外纱布条剪除。

纱布棉球常用于断角止血、压迫止血、血气胸的创口压迫，用完后泡入氨水中洗净后备用。

3. 纱布块的制作　　将纱布在欲剪开处用有齿镊抽出一根纤维，尔后在抽线处剪成 30cm×20cm 的纱布块，将毛边向内折叠后将叠好的纱布块包于报纸中消毒备用。

四、消毒和灭菌

1. 消毒和灭菌前的准备　　手术器械应事前清洁，新器械应除去表面油脂，对有弹簧的止血钳、持针钳等要松开弹簧卡扣，以免影响弹性，能在齿扣处拆开的钳、剪，最好拆开灭菌，锐利器械用纱布缠裹锋刃部，以免变钝。注射针头、缝针须放在一定的容

器内或整齐地插在纱布块上。欲消毒的器械应用小块包布或纱布块包成小包，敷料、手术巾、手术衣、帽、口罩等物品按一定的规格分别整理折叠，敷料可装入贮槽内，消毒时应将贮槽壁上和底部的孔眼打开，灭菌后再关闭孔眼。灭菌的物品用布包好，包裹不宜过大，包扎不宜过紧，包裹的排列不宜过密。丝线灭菌前应缠在线轴或玻片上，缠得不宜过紧过厚，分次反复灭菌的丝线会变脆，用时容易断裂，最好采用一次灭菌的丝线。

2．消毒和灭菌操作

（1）煮沸灭菌法　　方法简单，不需要特别的灭菌器，除要求速干的物品（棉布、纱布、敷料）外，皆可用此法进行灭菌。常在水中加入少量碳酸氢钠，使之成为碱性溶液，既可加强灭菌能力又能防止金属器械生锈。水面必须超过要煮的物品，水沸后开始计算时间，煮沸15min可以将一般细菌杀死；缝合线须在水沸后放入，煮10min；玻璃物品要从冷水烧起，以防破裂，或用少量热水，使之温热后再煮；煮沸器的盖子应关闭严密，以保持沸水的温度。

（2）高压蒸汽灭菌法　　用于布、纱布、棉花类，一般器械和搪瓷类、橡胶类和药液类也可用高压蒸汽灭菌，但所需时间短，蒸汽压力低（表2-1）。

表2-1　高压蒸汽灭菌器内不同物品所需压力、温度与时间

物品	所需时间/min	所需蒸汽压力/（lbf/in^2）	温度/℃
器械、棉布、搪瓷类	30	15～20	121～126
橡胶类、药液类	15	10～15	115～121

注：1lbf/in^2=6894.76Pa。

器械物品灭菌前，在包内放入升华硫磺（升华硫磺熔点为120℃）少许，以检验蒸汽锅内的灭菌力；易燃和易爆品，如升汞、碘、苯等严禁高压灭菌。一般灭菌有效期为两星期，过期后重新灭菌。瓶装液体灭菌时须用玻璃纸和纱布包扎瓶口，并且在橡皮塞上插上针头，以便排气。灭菌时应注意排尽锅内冷空气。

（3）火焰烧灼灭菌法　　较大的搪瓷器皿、不便煮沸的物品，先用消毒液清洗擦干，倒入少量乙醇，使之遍布盘底，然后点燃乙醇，并将乙醇烧尽。

第二节　手术前麻醉

在动物手术过程中，为了减少动物的疼痛挣扎，便于手术操作，手术前常需麻醉动物。常用的麻醉方法有局部麻醉和全身麻醉。

一、麻醉前的准备工作

1）熟悉麻醉剂的作用特点，根据手术内容合理选用麻醉剂。例如，乌拉坦效果好，较稳定，不影响动物的循环及呼吸机能。氯醛糖很少抑制神经系统的活动，适用于保留生理反射的手术。乙醚对心肌机能有直接抑制作用，但兴奋交感肾上腺系统，全身浅麻醉时，可增加心输出量20%。硫喷妥钠对交感神经抑制作用明显，因副交感神经机能相对增强而诱发喉痉挛。

2）麻醉前应核对药物名称，检查药品有无变质或过期失效。

3）犬、猫等手术前应禁食12h，以减轻呕吐反应。

4）需在全麻下进行手术时，可适当给予动物以麻醉辅助药。例如，皮下注射吗啡镇静止痛，注射阿托品减少呼吸道分泌物的产生等。

二、局部麻醉

1. 表面麻醉　　利用麻醉剂的渗透作用，透过黏膜而阻滞浅在的神经末梢，应用于口腔、肛门、眼、咽喉、直肠等黏膜的麻醉。根据麻醉部位不同，操作方法和使用麻醉剂有差异。

（1）眼部　　将0.5%地卡因用滴管滴入结膜囊内5～6滴，经2～5min即开始麻醉，出现结膜苍白，瞳孔散大。

（2）口腔、鼻腔、直肠、阴道黏膜　　可将浸有1%～2%地卡因或2%利多卡因的纱布块或棉球塞入麻醉部位，隔5min换药1次，共2～3次，即可达到麻醉作用。

（3）膀胱黏膜　　先置入导尿管，抽尽尿液，注入麻醉剂（0.5%～1.0%普鲁卡因）。

（4）喉头　　将0.5%～2.0%地卡因喷到喉头部。

2. 局部浸润麻醉　　将麻醉剂注射到皮下或深层组织中，阻滞神经末梢，达到麻醉效果的麻醉称为局部浸润麻醉。常用的麻醉剂为0.25%～1.00%盐酸普鲁卡因。

（1）直线浸润　　术部剃毛消毒后，用浸润麻醉针头，在预定切口部位一端刺入皮下，抽吸无回血，可注入少量麻醉剂，使皮肤隆起后再向前刺入针头，边刺入边注射，亦可先将针头插至所需要的深度，然后边抽针头边注入药液。有时一个刺入点可向相反方向注射两次药，当再次注射时，必须作一次抽吸试验，检查是否有回血，无血时再注入药液。

（2）菱形浸润　　在手术区之两对角分别刺入注射，注射形状形成菱形。

（3）扇形浸润　　在手术区一角进针，刺入后向不同方向注射，注射形状形成扇形。

（4）基部浸润　　在体表肿瘤摘除术或乳房摘除术等时常用。将麻醉剂注射到肿瘤基底部。

（5）分层浸润　　手术时，手术刀和注射器交替使用，浸润一层切开一层，这样可将麻醉剂均匀地分布在各层组织，减少单位时间内麻醉剂的用量。

3. 传导麻醉　　在神经干周围注射局部麻醉剂，使其所支配的区域失去痛觉，称为传导麻醉。

4. 脊髓麻醉　　将局部麻醉剂注射到椎管内，阻滞脊神经，称为脊髓麻醉。根据麻醉剂注入椎管内部位不同，又可分为硬膜外腔麻醉和蛛网膜下腔麻醉。

（1）椎管局部解剖　　脊柱由很多椎骨连接而成，各个椎骨的椎孔贯连成椎管，脊髓位于椎管之中。在两个椎骨连接处的两侧，各有一孔称椎间孔，为脊神经通过的地方，脊髓外被三层膜包裹，外层为脊硬膜，中层为脊蛛网膜，内层为脊软膜。在脊硬膜壁层与椎管的骨膜（已与黄韧带融合）有一较宽的腔隙，称为硬膜外腔，内含疏松结缔组织、静脉和大量脂肪，两侧脊神经在此经过，向腔内注入麻醉剂，可阻滞若干脊神经。脊硬膜脏层与脊蛛网膜之间有一狭窄的腔，称为硬膜下腔，此腔往往紧贴一处。脊蛛网膜与脊软膜之间形成一较大腔，称为蛛网膜下腔，内含脑脊液，向前与脑蛛网膜下腔相通，麻醉剂注入此腔，可向前后阻滞若干对脊神经根。

脊髓在腰荐部较粗大，形成腰膨大，腰膨大之后则逐渐缩小呈圆锥状，称脊髓圆锥，圆锥周围发出较细长的荐尾神经，共同形成所谓马尾。

（2）硬膜外腔麻醉　注射部位有三处，即第一、二尾椎间隙，荐骨与第一尾椎间隙，腰荐间隙，其中以前者常用。牛、马第一尾椎与荐骨间隙较窄，腰荐间隙位置较深，不便操作，而一、二尾椎间隙较宽。其确定方法为一手举尾，上下晃动，用另一手的指端抵于尾根背部中线上可摸知尾根的固定部分与活动部分之间的横沟，横沟与中线的交点为刺入点。

注射方法：柱栏内站立保定，术部剪毛消毒，将针头垂直刺入皮肤，然后针尖稍向前方倾斜 45°～60°角，向前下方刺入 3cm 深即到硬膜外腔。针头刺入硬膜外腔时有落空感，用注射器注入空气无阻力，即可注入药液。

剂量：马后位硬膜外腔麻醉，1.5%～2.0%盐酸普鲁卡因或 1%～2%盐酸利多卡因 10～15mL。牛后位硬膜外腔麻醉，2%盐酸普鲁卡因不超过 15mL 或 2%盐酸利多卡因不超过 10mL。

（3）蛛网膜下腔麻醉　注射部位在腰荐间隙（百会穴）。马可用两条线确定其位置，椎骨棘突的中线和两髂骨内角的横线交叉点即为刺入点。牛可选择在棘突正中线和两髂骨外结节连线稍后方进针。

注射方法：用 10～14cm 带芯针头垂直刺入皮肤，经皮下组织→棘上韧带→棘间韧带→黄韧带，穿通黄韧带时方有第一次阻力消失感，此时已到硬膜外腔，再徐徐进针，感到有穿通窗户纸感觉时，抽出针芯，一般即有脑脊液流出，不见脑脊液流出时，可调整针头位置或接上注射器轻轻抽吸，直至能抽出脑脊液，方可注药。

剂量：3%普鲁卡因马 20～30mL，牛 30～50mL。

5. 适应症　表面麻醉适用于结膜、浆膜、黏膜创伤及溃疡，骨膜等部位的检查和治疗。浸润麻醉适用于手术时局部麻醉。传导麻醉主要用于四肢疾患手术，跛行诊断。脊髓麻醉适用于各种产科手术，尾部、肛门、会阴、腹部、四肢手术。

6. 注意事项

1）局部麻醉剂的选择：应根据各种不同的麻醉方法、部位，麻醉剂的毒性和渗透性适当选用。用作表面麻醉时，药物通过点眼、喷雾或涂抹作用于黏膜表面，转而透过黏膜作用于黏膜下神经末梢而发挥作用。该药物除具有麻醉作用外，还有较强的穿透力，如可卡因、利多卡因。作浸润麻醉时，用注射的方法将药物送到神经纤维旁。此类药物只需有局部麻醉作用，不一定要求有强大的穿透力，如普鲁卡因。

2）为延长和提高麻醉剂的作用，减少毒性反应，每 100mL 麻醉溶液中，可加入 0.1%肾上腺素 5～15 滴。

3）硬膜外腔麻醉时，药液加温至 30～40℃，蛛网膜下腔麻醉时，要求严格消毒、防止脑脊髓感染，进针操作要谨慎，防止损伤脊髓导致尾麻痹或截瘫等后遗症。

4）局部麻醉过程中，当动物发生虚脱时，应立即停止麻醉剂的注射，并注射咖啡因进行救治。

7. 电针麻醉　电针麻醉是针刺麻醉的一种特殊形式，用各种不同波型、频率和电压进行刺激，以代替手法捻针。

三、全身麻醉

全身麻醉方法有两种，即吸入麻醉和注射麻醉。

1. 吸入麻醉　挥发性麻醉剂经面罩或气管插管进行开放式吸入麻醉。常用的吸入麻醉剂是乙醚。乙醚为无色易挥发的液体，有特殊的刺激性气味，易燃易爆，使用时应远离火源。乙醚可用于多种动物的麻醉，麻醉时对动物的呼吸、血压无明显影响，麻醉速度快，维持时间短，更适合于时间短的手术，也可用于凶猛动物的诱导麻醉。

给犬吸入乙醚麻醉时可用特制的铁丝嘴套套住犬嘴，由助手将犬固定于手术台，术者用2~3层纱布覆盖嘴套，然后将乙醚不断滴于纱布上，使犬吸入乙醚。犬吸入乙醚后，往往由于中枢抑制解除而首先有一个兴奋期，动物挣扎，呼吸快而不规则，甚至出现呼吸暂停。如呼吸暂停应将纱布取下，等动物呼吸恢复后再继续吸入乙醚。随后动物逐渐进入外科麻醉期，呼吸逐渐平稳均匀，角膜反射消失或极其迟钝，疼痛反应消失，即可进行手术。

麻醉猫时可将动物置于适当大小的玻璃罩中，再将浸有乙醚的棉球或纱布放入罩内，并密切注意动物反应，特别是呼吸变化，直到动物麻醉。

乙醚麻醉注意事项：乙醚吸入麻醉中常刺激呼吸道黏膜而产生大量分泌物，易造成呼吸道阻塞，可在麻醉前半小时皮下注射阿托品（0.1mL/kg），以减少呼吸道黏膜分泌物。乙醚吸入过程中动物挣扎，呼吸变化较大，乙醚吸入量及速度不易掌握，应密切注意动物反应，以防吸入过多、麻醉过度而使动物死亡。

2. 注射麻醉

（1）马（驴）的全身麻醉　马（驴）麻醉前禁食12~24h，站立柱栏内进行检查，并作好记录。

1）方法1：水合氯醛＋硫酸镁麻醉。将7%水合氯醛＋硫酸镁加热至接近体温，按水合氯醛8~10g/100kg，硫酸镁5~6g/100kg剂量静脉注射，开始时控制注射速度，当马（驴）出现站立不稳时，将瓶举高，使溶液迅速注入，同时，将马（驴）牵出柱栏外，帮助马（驴）卧地，防止摔伤。

麻醉观察：水合氯醛注入一定量后，动物对外界反应迟钝，眼球有痉挛性转动，脉搏较快而强，接着四肢站立不稳，随即进入外科麻醉期。动物呼吸深而均匀，脉搏整齐有力，口腔干燥，眼睑反射消失，瞳孔缩小，肌肉松弛，此时即可施行手术，但肛门、会阴的反射始终存在，否则麻醉过深，有生命危险。麻醉时间视马（驴）的耐受性和用量而异，一般为1~3h，如果在手术结束前已恢复知觉，可追加注射，但量不可太多（不可超过10g/100kg）。麻醉后经0.5~4h，马（驴）方可清醒。

麻醉后护理：手术后解除保定，马（驴）醒来欲站立时，应帮助起立，注意保温，8h内禁止饲喂及饮水。

2）方法2：静松灵麻醉。静松灵对马（驴）的作用虽然不如对牛的作用显著，但也有很强的镇静、镇痛和肌肉松弛作用，因此也可作为麻醉诱导剂或全身麻醉剂。

马：0.5~0.8mg/kg，肌肉注射，可用于保定和进行临床检查。1.0~1.2mg/kg，肌肉注射，可用于站立保定下进行手术，镇静时间为 30min，手术时间较长时，可在前次给药后 20~30min 再连续给药。本品肌肉注射剂量大于 5mg/kg 时，静脉注射超过 2mg/kg 时，副作用明显。

驴：3~5mg/kg，肌肉注射，3mg/kg 时用于一般手术，4mg/kg 时麻醉时间可达 20~110min。

麻醉观察：镇静时主要表现为安静，头颈下垂，眼半闭，上、下唇松弛，阴茎脱出，后肢交替负重，或轻靠支撑物，一般不会失去站立能力；麻醉时常卧倒呈熟睡状态，全身痛觉消失；剂量大时（5mg/kg 肌肉注射，2mg/kg 静脉注射），表现为大量出汗，呼吸不正常。

麻醉后护理：同水合氯醛＋硫酸镁麻醉。

（2）牛的全身麻醉　术前临床检查，作好记录。全身麻醉前禁食 24h，肌肉注射阿托品 0.4mg/kg，减少唾液腺和支气管腺的分泌，麻醉前半小时灌服食醋 0.5~1.0kg 或适量鱼石脂乙醇溶液，预防瘤胃臌气；麻醉前半小时肌肉注射氯丙嗪 1~2mg/kg，以减少麻醉剂的应用量和副作用。

1）方法 1：静松灵（国产二甲苯胺噻唑）麻醉。肌肉注射 0.2~0.5mg/kg 时，可于 20min 内表现精神沉郁、嗜睡、头颈下垂、眼半闭、唇下垂、大量流涎，少数牛舌伸出口外，大多数牛只站立不稳、俯卧、头部多扭向躯体一侧，个别牛俯卧 20~30min 后，能自行站立、艰难地行走几步，再卧下。肌肉注射量超过 0.6mg/kg，可产生呼吸困难、心音减弱、腹胀等不良反应，但一般不会造成严重后果。

2）方法 2：硫喷妥钠麻醉。成年牛静脉注射一次剂量 10~15mg/kg，麻醉时间 5~10min，苏醒时间 1~2h，恢复前先有兴奋现象。犊牛静脉注射一次剂量 15~20mg/kg，麻醉时间 10~15min，苏醒时间 30min，有兴奋现象。

麻醉观察：动物麻醉时应认真观察呼吸、脉搏变化，每 15min 测量一次，危重病畜随时测量，并填好麻醉记录表，反刍动物麻醉时，易产生瘤胃臌气，若臌胀严重，可用瘤胃穿刺针放气。

（3）羊的静松灵麻醉法　羊、牛皆为反刍兽，生理特点相似，麻醉时的注意点及采取措施基本同牛，静松灵剂量为 1~3mg/kg，肌肉注射。

3. 麻醉并发症的预防与急救

（1）麻醉并发症的预防　家畜在麻醉前必须进行详细的临床检查，根据家畜种类、手术及个体情况，选用适当的麻醉方法。

麻醉过程中谨密观察循环系统（心率及脉搏）、呼吸系统（频率及深度）、中枢神经系统（手术反应、眼睑反射、角膜反射及肌肉松弛程度）的变化。

应用水合氯醛麻醉时，禁止煮沸，随用随配，为预防酸中毒，可给予适当的碱性溶液（5%碳酸氢钠），切忌将水合氯醛注入皮下。

麻醉过程中，将家畜舌头用盐水纱布包好，置于口外，以防窒息。麻醉后一般会体温下降，应注意保温。

（2）麻醉过量的急救　呕吐：多见于小动物吸入麻醉，因麻醉时吞咽反射消失，胃内容物常流入或被吸入气管造成异物性肺炎或窒息，预防办法为头部稍微垫高，口朝下,一旦发生呕吐,尽快地吸出呕吐物,反刍兽最好在麻醉时插入气管导管。

呼吸停止:深麻醉时呼吸停止,是由于以延脑为主的主要中枢麻痹或麻醉剂中毒,应立即去除麻醉剂,打开口腔,拉出舌头进行人工呼吸,对于插有气管导管的动物,可用麻醉机进行控制呼吸,同时静脉注射呼吸兴奋剂。

心搏停止(心搏骤停):麻醉后要仔细观察,防患于未然,心跳一旦停止,应分秒必争,采取心脏按压术,即用手掌在左侧心脏区有节律地(按该种动物心搏率)敲击胸壁,如果腹腔手术尚未关闭腹腔时,最好由膈直接有节律地挤压心脏,并配合以药物治疗。例如,0.1%肾上腺素(马、牛 10mL)、心跳三联(肾上腺素、去甲肾上腺素、异丙基肾上腺素)静脉或心室注射,也可用安钠咖静脉注射。

附:麻醉记录单

麻醉记录单

家畜种类:　　　　药品及浓度:　　　　给药方法:　　　　数量:　　　　给药时间:
术后诊断:
实施手术:
手术者:　　　　麻醉者:

部位分期	呼吸/(次/min) 胸	呼吸/(次/min) 腹	呼吸次数	瞳孔大小/mm	眼球活动	反射 角膜	反射 结膜	反射 痛觉	反射 肛门	脉搏/(次/min)	体温/℃	肌肉张力
手术期　0												
5												
15												
20												
25												
30												
35												
40												
45												
60												
90												
105												
120												
恢复期　140												
160												
180												
200												
230												
260												
320												
危险期												

记录符号及标准:
眼球活动:(++)眼球活动达于两侧眼眦;(+)眼球活动不达两侧眼眦;(-)不活动。
反射:(++)反射灵敏;(+)反射迟钝;(-)反射消失。
肌肉张力:(+)肌肉有张力;(-)肌肉松弛。

第三节 缝合与打结

缝合的目的是借助缝合后缝线的张力维持伤口边缘互相对合，创面彼此密接以利于组织愈合。正确的缝合方法、合理的缝合材料及准确精细的缝合操作都有利于手术切口的良好愈合。缝合与打结，是兽医外科手术学必须要掌握的技术。

一、打结法

打结是外科手术最基本的操作之一，是保证手术成功的关键。熟练而正确的打结可防止结扎线松脱，避免切口张开和继发性出血，缩短手术时间。不正确的打结方式，可能造成额外的组织损伤，线结松动或滑脱，引起术后病变。虽然各人打结习惯常有不同，但基本操作相似。

1. 打结的方法　　常用打结方法有单手打结、双手打结和器械打结三种。

（1）单手打结法　　单手打结法是最常用的一种打结方法。打结速度快，节省缝线，左右手均可进行。

（2）双手打结法　　比单手打法更加牢固可靠，主要用于深部或组织张力较大的缝合与结扎。缺点是打结速度比单手打结慢，需要缝线较长。

（3）器械打结法　　通常用持针器或止血钳打结。常用于体表小手术或缝线较短、用手打结比较困难时。术者操作方便，节省缝线。

2. 常见手术打结的种类

（1）平结　　平结是外科手术过程中主要的打结方式。其特点是缝线来回交错，第一个结与第二个结方向相反，着力均匀，不易松动或滑脱，牢固可靠。一般用于较小血管和各种缝合。

（2）三重结　　打结时，在平结基础上再重复第一个结，共三个结，第二个结和第三个结方向相反。因加大了线结的摩擦力，因此更牢固可靠。通常用于大血管的结扎或张力较大皮肤的缝合。

（3）外科结　　在打第一个结时缠绕两次，打第二个结时只缠绕一次。此打结法可使第一个结摩擦力加大，在打第二个结时不易松动和滑脱，绳结更牢固。大血管和张力较大组织缝合时常使用外科结。

3. 注意事项

1）无论用何种方法打结，第一结及第二结方向不能相同，否则，即成假结，即使两个结方向相反，只拉紧一根线，亦可成为滑结。

2）打结收紧线的要求是三点成一直线，即左右手的用力点与结扎点成一直线，不可成角或向上提，否则结扎点容易撕脱或线结松脱，亦容易扯断。

3）深部打结时，最好将两手食指伸到结旁以指尖顶住双线，两手握住线端，否则，容易滑脱。

4. 剪线方法　　正确的剪线方法是在术者结扎完毕后，将双线尾提起略偏向术者左侧，助手用稍张开的剪刀沿着拉紧的结扎线滑至结扣处，再将剪刀稍向上倾斜一些，然后剪断。倾斜的角度取决于要留线头的长短。丝线、棉线一般留 3~5mm，较大血管的结扎线应略留长些，肠线留 4~6mm，不锈钢丝 5~10mm，并将钢丝头扭转埋于组织中。

二、缝合法

1．对接缝合

（1）单纯间断缝合　　单纯间断缝合也称为结节缝合，是最古老、最常用的缝合方式。缝合时，将缝针引入 15~25cm 缝线，于创缘一侧垂直刺入，于对侧相应的部位穿出打结。每缝一针，打一次结。缝合要求创缘要密切对合。缝线距创缘距离根据缝合的皮肤厚度来决定，小动物 3~5mm，大动物 0.8~1.2cm。缝线间距要根据创缘张力来决定，使创缘彼此对合，一般间距 0.5~1.5cm。打结在切口一侧，防止压迫切口。用于皮肤、皮下组织、筋膜、黏膜、血管、神经、胃肠道的缝合。

优点：操作容易，迅速。在愈合过程中，即使个别缝线断裂，其他邻近缝线不受影响，不致整个创面裂开。能够根据各种创缘的伸延张力调整每个缝线张力。如果创口有感染可能，可将少数缝线拆除排液。对切口创缘血液循环影响较小，有利于创伤的愈合。缺点：需要较多时间，使用缝线较多。

（2）单纯连续缝合　　单纯连续缝合是用一条长的缝线自始至终连续地缝合一个创口，最后打结。第一针和打结操作同结节缝合，以后每缝一针以前，对合创缘，避免创口形成皱褶，使用同一缝线以等距离缝合，拉紧缝线，最后留下线尾，在一侧打结。常用于具有弹性、无太大张力的较长创口。用于皮肤、皮下组织、筋膜、血管、胃肠道的缝合。

优点：节省缝线和时间，密闭性好。缺点：一处断裂，则全部缝线拉脱，创口会裂开。

（3）表皮下缝合　　这种缝合适用于小动物表皮下缝合。缝合在切口一端开始，缝针刺入真皮下，再翻转缝针刺入另一侧真皮，在组织深处打结。应用连续水平褥式缝合平行切口。最后缝针翻转刺向对侧真皮下打结，埋置在深部组织内。一般选择可吸收性缝合材料。

优点：能消除普通缝合针孔的小瘢痕。操作快，节省缝线。缺点：具有连续缝合的缺点。这种缝合方法张力强度较差。

（4）压挤缝合　　压挤缝合用于肠管吻合的单层间断缝合。犬、猫肠管吻合的临床观察认为，该法是很好的吻合缝合法，也用于大动物的肠管吻合。

压挤缝合法是将缝针刺入浆膜、肌层、黏膜下层和黏膜层进入肠腔。在越过切口前，从肠腔再刺入黏膜到黏膜下层。越过切口，转向对侧，从黏膜下层刺入黏膜层进入肠腔。在同侧从黏膜层、黏膜下层、肌层到浆膜刺出肠表面。两端缝线拉紧、打结。这种缝合可使浆膜、肌层相对接和黏膜、黏膜下层内翻，使肠管密切对接，既可以很好地防止液体泄漏，又保持正常的肠腔容积。

（5）十字缝合　　这种缝合法自第一针开始，缝针从一侧到另一侧作结节缝合，第二针平行第一针从一侧到另一侧穿过切口，缝线的两端在切口上交叉形成十字形，拉紧打结。用于张力较大的皮肤缝合。

（6）连续锁边缝合　这种缝合方法与单纯连续缝合相似，在缝合时每次将缝线交锁。此种缝合能使创缘对合良好，并使每一针缝线在进行下一次缝合前就得以固定。多用于皮肤直线形切口及薄而活动性较大的部位缝合。

2. 内翻缝合　内翻缝合用于胃、肠、子宫、膀胱等空腔器官的缝合。

（1）伦勃特氏（Lembert）缝合　伦勃特氏缝合是胃肠手术的传统缝合方法，又称垂直褥式内翻缝合。分为间断与连续两种，常用的为间断伦勃特氏缝合。在胃或肠吻合时，用以缝合浆膜肌层。

1）间断伦勃特氏缝合：缝线分别穿过切口两侧浆膜及肌层即行打结，使部分浆膜内翻对合，用于胃肠道的外层缝合。

2）连续伦勃特氏缝合：于切口一端开始，先作浆膜肌层间断内翻缝合，再用同一缝线作浆膜肌层连续缝合至切口另一端。其用途与间断内翻缝合相同。

（2）库兴氏（Cushing）缝合　又称连续水平褥式内翻缝合，这种缝合法是从连续伦勃特氏缝合演变来的。缝合方法是于切口一端开始先作浆膜肌层间断内翻缝合，再用同一缝线平行于切口作浆膜肌层连续缝合至切口另一端。适用于胃、子宫浆膜肌层缝合。

（3）康奈尔氏（Connell）缝合　这种缝合法与连续水平褥式内翻缝合相同，仅在缝合时缝针要贯穿全层组织，当将缝线拉紧时，则肠管切面即翻向肠腔。多用于胃、肠、子宫壁缝合。

（4）荷包缝合　荷包缝合即作环状的浆膜肌层连续缝合。主要用于胃、肠壁上小范围的内翻缝合，如缝合小的胃、肠穿孔。此外，还用于胃、肠、膀胱等引流固定的缝合。

3. 张力缝合

（1）间断垂直褥式缝合　这种缝合是一种张力缝合。针刺入皮肤，距离创缘约8mm，创缘相互对合，越过切口到相应对侧刺出皮肤。然后缝针翻转在同侧距切口约4mm处刺入皮肤，越过切口到相应对侧距切口约4mm处刺出皮肤，与另一端缝线打结。该缝合要求缝针刺入皮肤时，只能刺入真皮下，接近切口的两侧刺入点要求接近切口，这样皮肤创缘对合良好，不外翻。缝线间距为5mm。

优点：该缝合方法比水平褥式缝合具有较强的抗张力强度，对创缘的血液供应影响较小。缺点：缝合时，需要较多时间和较多的缝线。

（2）间断水平褥式缝合　这种缝合是一种张力缝合，特别适用于马、牛和犬的皮肤缝合。针刺入皮肤，距创缘2～3mm，创缘相互对合，越过切口到对侧相应部位刺出皮肤，然后缝线与切口平行向前约8mm，再刺入皮肤，越过切口到相应对侧此处皮肤，与另一端缝线打结。该缝合要求缝针刺入皮肤时刺在真皮下，不能刺入皮下组织，这样皮肤创缘对合才能良好，不出现外翻。根据缝合组织的张力，每个水平褥式缝合间距为4mm。

优点：使用缝线较节省，操作速度较快。该缝合具有一定抗张力条件，对于张力较大的皮肤，可在缝线上放置胶管或纽扣，增加抗张力强度。缺点：该缝合方法对初学者操作较困难。根据水平褥式缝合的几何图形，该缝合会减少创缘的血液供应。

（3）近远-远近缝合　这种缝合是一种张力缝合。第一针接近创缘垂直刺入皮肤，越过创底,到对侧距切口较远处垂直刺出皮肤。翻转缝针,越过创口到第一针刺入侧,距创缘较远处,垂直刺入皮肤,越过创底,到对侧距创缘近处垂直刺出皮肤,与第一针缝线末端拉紧打结。

优点:该缝合方法创缘对合良好,具有一定抗张力强度。缺点:切口处有双重缝线,需要缝线数量较多。

4. 注意事项

1) 无论何种缝线(可吸收或不吸收)均为异物。因此,应尽可能减少缝线用量。

2) 线的拉力在单一缝合结扎后远较单线时为强(如单线拉力为 0.5kg,单一缝合结扎后拉力可增加数倍),缝合的抗张力与缝合的密度成正比,因此,增加缝合后抗张力的方法是增加缝合密度,而不只是加粗缝线。

3) 连续缝合有力量分布均匀、抗张力较间断缝合强的优点,但一处断裂则全部松脱。

4) 组织应按层次进行缝合,较大的伤口宜由深而浅缝合,浅而小的伤口,缝线通过各层组织缝合也可。

5) 空腔器官,缝合时要求闭合性好,不漏气、漏水,更不能让内容物溢入腹腔,缝合后保持原有的收缩功能,缝合时尽量采用小针、细线,缝合组织要少。对于肠管,除第一道作单纯连续缝合外,第二道不宜作一周性连续缝合,以免术后狭窄。腔性器官缝合的基本原则是使切开的浆膜向腔内翻,浆膜面相对,因此,在第二道缝合时应用浆膜对浆膜的内翻缝合。

5. 拆线 拆线即拆除皮肤的缝线。拆线时间应根据切口部位、缝合的张力、缝合的种类、动物营养状况、组织愈合能力而定。一般在手术后 7~8d,下腹壁手术拆线不能少于 10d。

方法:用碘酊消毒创口、缝线及创口周围的皮肤,将线结用镊子轻轻提起,线剪插入结下紧贴针眼剪断后拉出缝线,再次用碘酊消毒创口及皮肤。

第四节 断 角 术

有角动物在饲养管理过程中,为了避免争斗造成损伤,常作断角处理。此外,经济动物养殖过程中,经常会季节性的断角(如取鹿茸)。个别情况下,动物因意外造成角的损伤,也要进行断角切除。

反刍兽角由额骨的角突构成,角突腔与额窦相通。幼畜的角窦内腔有许多不完全的中隔,随着年龄的增长而中隔逐渐变小。老畜的中隔被骨嵴所代替,角突之外有骨膜与真皮层,真皮与骨膜紧密结合,最外面为表皮层,即角壳。角壳厚度不一,愈接近角根愈薄,角质是由角真皮的生发层产生的,断角部位选在角的基部,以免再次生出角质。

角的血液由角动脉供给,它是额浅动脉的分支,角动脉沿额骨外嵴延上角,分布于骨骼及真皮层内,其分支位于真皮的血管层、骨膜和哈弗斯管内。

角神经是眼神经的一支,沿角动脉上方的额骨外嵴上行至角,角神经到角基之前,分出 6~7 支分布于角的真皮、角周围的皮肤及耳廓皮肤。

一、保定

动物一般站立保定，并将头部固定于柱栏一侧的立柱上。如无柱栏等设施，可将动物躺卧保定。

二、断角术操作

动物进行角神经传导麻醉，断角过程中根据角根部有无出血，可分为有血断角术和无血断角术。

1. 有血断角术 角根周围剪毛、碘酊消毒，助手牢牢固定头部，术者迅速地将角锯断，用灭菌纱布压迫角根断端，或用手指压迫角动脉，进行止血，清除断端骨屑，覆盖碘硼合剂纱布，装置角绷带，在角绷带外面涂抹松馏油或凡士林。

2. 无血断角术 在角质部锯断。无须止血和装置角绷带。

三、术后护理

注意角绷带脱落，防止引起额窦化脓甚至生蛆。如感染及发生化脓，要及时按化脓性窦炎处理。

第五节 圆 锯 术

进行动物颅部和脑部手术时，先期操作即进行圆锯术，以暴露出颅腔和脑组织。

一、保定

动物在柱栏内站立保定，切实固定好头部。

二、圆锯术操作

1. 麻醉 局部浸润麻醉或于眶上孔处进行额神经传导麻醉。

2. 术部选择

（1）额窦后切口 左右眼眶上缘的连线与正中线相交，在交点左右侧方 2cm 处。

（2）额窦前切口 两眼内角连线与正中线相交点，在交点到眼内角连线的中点处。

（3）上颌窦切口 由眼内角引一条面嵴平行线，由面嵴前端向头正中线作一垂线，再由眼内角向面嵴作垂线，这三条线和面嵴组成一个长方形，此长方形的两条对角线把长方形分成四个三角形。距眼眶最近的三角形为后窦的圆锯部位。最远的三角形为前窦的圆锯部位。临床多用后窦作为术部。

3. 术式 纵向切开皮肤 5~6cm（或"V""U"形切开皮瓣）→钝性分离皮下组织或肌肉→从中点"＋"形切开骨膜→用骨膜刮向四周剥离骨膜→将锥心突出齿面 3mm 的圆锯垂直刺入锯孔中心点→先慢、中快、后慢的方法旋转圆锯→锯音发出"沙沙"声之后停止旋转→用骨螺子插入骨片中心拨出骨片（也可用止血钳取出骨片）→除去骨屑→

用球头刀修整骨侧缘。

手术后缝合骨膜或将骨膜展平，结节缝合皮肤→装置结系绷带。

三、注意事项

1）在上颌窦前切口时，注意防止损伤鼻唇提肌及其血管。
2）若圆锯骨片落入窦腔内，要及时取出。
3）冲洗时，一定要保持低下头部，以防误咽。
4）如窦腔骨壁已很薄、软化时，也可用大手术刀代替圆锯切开窦腔。

第六节　羊多头蚴包囊摘除术

当多头蚴侵入羊脑内或颅腔内，囊体增大，病羊症状明显时，以诊断或治疗为目的施行本手术。

一、保定

羊侧卧保定，应使羊的头顶部向上。

二、手术操作

1．麻醉　手术部位局部浸润麻醉。

2．切口定位　羊颅腔从上面看略似长方形。解剖界线：前界在两眶上孔连线；后界为枕嵴；侧界为经角的基部（母畜为角结节）内缘向后到颞嵴的线。羊的颅腔可分为额部、顶部、颞部和枕部。外科界线：两眼眶后缘连线，其他相同于解剖界线。羊的颅盖除有薄的耳肌外，不再被覆肌肉。

颅腔内有大脑、小脑及延脑的前后两部分，在脑颅内嵴的矢状线上有大脑镰附在矢状嵴上，内含有纵行静脉窦，在顶间骨水平，有小脑幕附着于横嵴，含有横行静脉窦。

由于多头蚴包囊在羊脑部寄生的部位不同，圆锯术开孔位置也随之改变。因其寄生在额叶和颞顶叶居多，本节以这两个部位为例说明。

（1）额叶的圆锯孔　圆锯孔的前缘在两眼眶后缘的连线上（即于外科界线之后），离中线 3～5mm 处。

（2）颞顶叶的圆锯孔　在顶骨上，有角羊在角根后缘之后，无角羊在眶上突后缘之后约 1cm，距正中线 3～5mm 处。

3．术式

1）术部常规处理后，在骨质软化部（若骨质已软化的情况下），作"U"形切开皮下组织，并彻底止血。
2）"+"形切开骨膜，并向四周剥离。
3）根据骨质的软硬不同，可选用圆锯或外科刀在骨质上打孔，若需要用圆锯打孔，则在钻孔时应控制好钻头和锯齿的深度，以免过深损伤脑膜。
4）如果多头蚴包囊位于脑硬膜之下，包囊会因腔内压力造成部分自行脱出，此时助手将羊头转向侧方,借囊内液体流动可自行脱出。若不能脱出时,可用无齿止血钳或镊子,夹住包囊并轻轻捻转提出,若包囊位置较深,则用尖刃手术刀或注射针头在脑膜上作"+"形切口,可用连有硬胶管的针头,避开脑膜血管,刺入并抽吸液体,再用镊子或无齿止血钳轻轻地边捻转边抽提。

5)多头蚴包囊取出后,用青霉素生理盐水冲洗脑内创口后用止血纱布吸干创腔中的多余液体和血液,整复好硬脑膜和骨膜,结节缝合皮肤切口,装置结系绷带。

三、注意事项

1)手术过程中,一定要注意避开颅腔静脉窦(纵、横行静脉窦)。
2)在小脑部位的手术后,一般须躺卧3~7d,精心护理。
3)及时应用抗生素,以防发生并发症。

第七节 气管切开术

气管切开术系切开颈段气管,放入金属气管套管和硅胶套管,是解除喉源性呼吸困难、呼吸功能失常或下呼吸道分泌物潴留所致呼吸困难的常见手术。

一、保定

动物柱栏内站立保定或侧卧保定,高抬头部,伸直颈部。

二、手术操作

1. 麻醉 局部浸润麻醉。

2. 术部定位 在颈腹侧中线的上1/3交界处,两条胸头肌已经分离,它们分别向前向上行,而分离的肩胛舌骨肌则向后向下行,这四条肌肉构成一个菱形区。在菱形区域内,气管和皮肤之间只有中间以白线相连的左右两条细长的胸骨甲状舌骨肌。

全部气管表面有筋膜包围,内含有食管和返神经。气管从颈总动脉的气管支获得血液,接受迷走神经和交感神经分支支配,在气管上形成神经丛。

术部为颈腹侧中线上1/3与中1/3交界处,相当于第3、4气管软骨环处。牛在颈腹皱襞一侧切开。

3. 术式 沿术部正中线作一长5~7cm的切口,切透皮肤、皮下组织→扩开创口→止血→切开胸骨甲状舌骨肌之间的白线→暴露气管→彻底止血→用手术刀沿气管软骨环由韧带刺入→将上下两个气管轮作一半圆形切口→装置气管导管或其他代用品并固定。

三、术后护理

1)在应用气管导管时,必须每天清洗气管导管,并予以消毒。同时,用浸有防腐剂的纱布条或棉球擦净创面,且勿使液体流入气管内。
2)在原发病治愈,呼吸困难消除后,将气管导管取掉,创口作一般处理,待二期愈合。

四、注意事项

1）切气管轮时，应用止血钳牢牢夹住软骨片，以防吸入气管内。
2）切气管轮之前，一定彻底止血，以防血液流入气管内。
3）在紧急情况下，允许在不消毒条件下施行急救手术。

第八节 食管切开术

当动物的食管发生梗塞，用保守疗法难以去除梗塞物时，采用食管切开术；另外，食管切开术也应用于食道憩室的治疗和食管内新生物的摘除。

一、保定

动物侧卧保定或柱栏内站立保定。

二、手术操作

1. 麻醉 站立保定可用局部浸润麻醉，侧卧保定则行全身麻醉配合局部麻醉。

2. 术部定位 马的食管全长 125～150cm，可分为颈部和胸部。牛的食管全长 90～100cm。颈部食管始于咽的后壁，沿气管背侧向后走，约在第四颈椎附近渐渐偏左，至胸腔前，位于气管左侧。在第七颈椎处又转到气管的背左侧，沿气管进入胸腔。供应食管的血管为颈动脉的食管支。支配食管的神经为迷走交感神经干。

在颈上 1/3 处，食管背侧有喉囊、颈长肌，腹侧为气管，两侧有迷走交感神经干、颈总动脉及返神经，并以肩胛舌骨肌和颈静脉相隔。颈静脉的背侧是臂头肌，腹侧是胸头肌，两肌构成颈静脉沟。

在中 1/3 处，食管背侧为左颈长肌，右腹侧为气管，左腹侧为迷走交感神经干和颈总动脉。左侧肌肉也以静脉为界，背侧为臂头肌，腹侧为胸头肌。颈静脉及胸头肌内侧为肩胛舌骨肌。外侧为薄的皮肌。

在颈下 1/3 处，食管背侧为左颈长肌，右为气管，左为迷走交感神经干及颈总动脉。左侧的肌肉与中 1/3 处基本相同，但肩胛舌骨肌为一腱膜，皮肌较厚。

食管壁分四层：外膜（结缔组织膜），肌层，黏膜下层，黏膜（灰白色，被以复层扁平上皮，借发达的黏膜下层与肌层相连接，不通过饲料时，黏膜形成纵褶，食管腔很小）。

术部依病变部位而定，一般根据发病规律，马在颈上 1/3 和颈中 1/3 交界处或颈下 1/3 处的颈静脉沟内。基于颈部的解剖特点，其手术通路有二：①上切口：在颈静脉与臂头肌之间作切口，称为上切口。②下切口：在颈静脉与胸头肌之间作切口，称为下切口。前者，食管位于浅表，易于操作，但引流较困难；后者多用于食管有损伤或有化脓可疑时。不论在上切口或下切口，都必须沿静脉纵向切开皮肤 12～15cm。

3. 术式

（1）食管的暴露 皱襞切开皮肤、筋膜→创钩牵开创口，钝性分离颈静脉和臂头肌之间筋膜→剪开肩胛舌骨肌筋膜→钝性分离与锐性剪开颈深筋膜→在气管的左上侧可找到食管。

（2）食管切开　轻轻拉出食管→用肠钳夹闭梗塞物上下端→切开处用灭菌纱布填塞隔离→将食管旋转90°→在背侧纵行切开食管壁全层→用棉球吸净唾液。

（3）食管缝合　手术完成后，用肠线或细丝线将食管黏膜层连续缝合→连续或结节缝合食管肌层和外膜→青霉素盐酸普鲁卡因清洗术部→除去肠钳和纱布→送回食管。

（4）切口闭合　分别结节缝合筋膜肌肉和皮肤→切口涂碘酊→置结系绷带。

三、术后护理

1）术后严禁饮、喂2～3d。

2）术后10～12d内禁用胃管，并注意局部和全身变化。食管创口一般在10～12d愈合，皮肤创于10～14d拆线。如发现创口感染，及时折线，行开放治疗。

四、注意事项

1）食管梗塞时，食管内有大量唾液出现，切开食管后可增加手术污染机会，可注射阿托品以抑制唾液分泌，并注意用胃管等吸出积存的唾液。

2）食管切开时应一刀切透，使肌肉层和黏膜层切口一致，减少憩室发生。

第九节　颈静脉部分切除术

化脓性、血栓性颈静脉炎是颈静脉切除术的适应症。

一、保定

动物柱栏内站立保定，性情凶猛动物可采用侧卧保定。

二、手术操作

1．麻醉　手术局部浸润麻醉或全身麻醉。

2．术部定位　决定于颈静脉病理变化的部位，一般在颈上1/3和中1/3交界的颈静脉注射位置。

颈静脉起始于下颌支后缘，由颞浅静脉与颌内静脉汇合而成，沿颈静脉沟下行，于胸腔入口处与同名静脉、两侧臂静脉等合成为前腔静脉。颈静脉容纳于颈静脉沟内，静脉背侧为臂头肌，腹侧为胸头肌，外侧面有皮肤、筋腹及皮肌覆盖。深侧有颈动脉伴行，在颈的前半部与颈动脉之间隔有肩胛舌骨肌，下半只有该肌的腱膜。马一侧一般只有一条颈静脉，有的个体多一条颈深静脉与颈动脉伴行。

3．术式　沿胸头肌上缘，平行于颈静脉，用皱襞切开法直线切开皮肤，切口的长度以病变的大小而定。切开浅筋膜及颈皮肌，以创钩扩张创口，彻底止血，对较大血管进行结扎。把胸头肌和臂头肌之间的筋膜做成皱襞，用剪刀剪开，钝性剥离使静脉从血管床分离。在操作时注意保留静脉壁周围的结缔组织，以防止血管由于结扎而破裂。在分离血管床时，凡和颈静脉相连的小血管都要双重结扎而后剪断。

进行颈静脉部分切除时，先用钝头结扎针将结扎线引导到血管下面，在距离患病部位 3~4cm 的健康静脉上双重结扎，两结的距离为 1.5~2.0cm，打结要切实防止滑脱，特别是近头端的静脉，由于环流中断，断端承受的压力很大，极易松脱。为了防止静脉内容物污染创口，在预定切除的静脉端，再进行一次结扎，在双重结扎和最后一次结扎间剪断静脉，剪断端至少要保留 1.5~2.0cm 长方可防止滑脱。

筋膜作连续缝合，皮肤作结节缝合。

三、术后护理

术后使家畜保持安静，适当限制颈部活动，2~3d 内给流质。

第十节　肋骨切除术

当肋骨骨折、骨髓炎、肋骨坏死或化脓性骨膜炎时，常作为治疗手段施行肋骨切除术；当施行胸腔和腹腔手术时，作为打开通向胸腔或腹腔的手术通路，也需要肋骨切除。

一、保定

动物侧卧位保定。

二、手术操作

1．麻醉　肋间神经传导麻醉。

2．术式　沿欲切除肋骨中轴直线切开皮肤、浅筋膜、胸深筋膜、皮肌和深层肌肉等，直达肋骨，用创钩牵开创口，充分止血后在肋骨中央纵向切开骨膜，并在上、下角补充横切形成"工"形骨膜切口。先用骨膜剥离器剥离外侧骨膜，用弯骨膜器剥离前后缘的骨膜，再用半圆形骨膜器平贴于肋骨内侧，上下推动，使整个骨膜和肋骨完全分离。剪断或用线锯锯断发生病变肋骨两端，断端锐缘用骨锉锉平，拭净骨屑及其他破碎组织。将骨膜展平，用丝线连续缝合，肌肉和皮肤分层结节缝合。碘酊棉球涂擦，装置结系绷带。

三、注意事项

剥离骨膜在本手术中最为重要，操作要谨慎，注意不得损伤肋骨后缘的血管神经丛，更不得把胸膜戳破。

第十一节　腹壁切开术

腹壁切开术用于腹腔探查、小肠各段的闭结或肠扭转整复手术、盲肠假性变位整复术、小结肠与骨盆闭结或扭转的排除或整复术。另外，适合于各种动物的肠套叠治疗、剖腹产及反刍动物的瘤胃、真胃切开术。

一、保定

动物右侧卧保定。

二、手术操作

1. 麻醉 静松灵肌肉注射浅麻醉,局部以 0.5%普鲁卡因浸润麻醉,麻醉前皮下注射阿托品 2mg。

2. 术部定位 取左肷部中切口,即最后肋骨与髋结节连线的中点,腰椎横突下 4cm 处,术部剪毛、消毒、铺创巾。

3. 术式

(1) 皮肤切开 紧张切开:由术者和助手在切口两旁或上下将皮肤展开固定,或由术者用左手拇指及食指在切口两旁将皮肤撑紧并固定、刀刃与皮肤垂直,一刀切开皮肤及皮下组织至所需长度,避免多次切割,以免切口边缘参差不齐。

皱襞切开:术者和助手在预定切开线两侧,用手指或镊子提起皮肤呈垂直皱襞,进行垂直切开。当切口下面有大血管、大神经、腺体分泌腺管和主要器官,且皮下组织较为疏松时,应采用此法。

该手术采用紧张切开法由上而下切开皮肤 10cm。

(2) 皮下组织及其他组织的分离 皮肤切开后,组织的分割采用逐层分开的方法,以便识别组织,减少对大血管、大神经的损伤,对切口下方不可避免的大血管,两端结扎后从中间剪断。

皮下疏松结缔组织的分离:先将组织刺破,再用手术刀柄、止血钳或手指钝性剥离。

筋膜和腱膜的分离:用刀在中央作一小切口,然后用弯止血钳在切口上下将筋膜与筋膜下组织分开,沿分开线剪开筋膜。若筋膜下有神经、血管,则用手术镊将筋膜提起,用反挑式执刀法作一小孔,插入有槽探针,再沿有槽探针沟切开。筋膜切口应与皮肤切口一样长。

肌肉的分离:一般按肌纤维方向钝性分离。从肌纤维之间作一小口,然后伸入刀柄、止血钳、手指钝性分离,用创钩向两侧扩大至所需要的长度。

腹膜的切开:术者和助手用组织钳或止血钳提起腹膜(不可夹到肠管)在两钳之间作一小口、利用有槽探针或食指和中指引导,剪开腹膜;打开腹腔后,应注意腹水的色泽、气味,腹腔内有无粪渣、脓汁等。

(3) 止血 手术开始后,出血时有发生,良好的止血可以保证术部的清晰显露,预防失血的危险,直接关系到施术动物的健康。手术过程中常用的止血方法如下。

1) 机械止血法。压迫止血:用纱布压迫出血部位,清除术部血液,辨清出血径路及出血点,以便采取止血措施。在毛细血管和小血管出血时,如机体凝血机能正常,压迫片刻,出血可自行停止。为提高压迫止血效果,可选用温生理盐水、1%~2%麻黄素、0.1%肾上腺素、2%氯化钙浸湿后扭干的纱布块压迫,止血时必须按压,不可擦拭。

钳夹止血:用止血钳尖端准确地夹住出血点,钳夹组织要少。

钳夹扭转止血:用止血钳夹住血管断端,扭转 1~2 周,然后去钳。

钳夹结扎止血：常用而可靠的止血方法，多用于明显而较大血管出血时，有两种钳夹结扎止血方法：单纯结扎止血（用线绕过止血钳所夹住的血管及少量组织后结扎，在结扣的同时，助手逐渐放开止血钳，于结扣收紧时，即可完全放松钳夹）；贯穿结扎止血（将结扎线用缝针穿过所钳夹组织后进行结扎，常用的有"8"字缝合结扎及单纯贯穿结扎）。

填塞止血：临时性止血法。采用纱布或纱布垫紧塞于出血的创腔或解剖腔内压迫血管断端，用于深部大出血或一时找不到血管断端，在填入纱布时，必须将创腔填满，以便有足够的压力压迫血管断端。留置的敷料通常在12~48h取出。

2) 电凝、烧烙及激光止血法。电凝止血：利用高频电流凝固组织的作用达到止血的目的。用止血钳夹住血管断端，向上轻轻提起，拭净血液，将电凝器与止血钳接触，待局部发烟即可。电凝止血只适用于表浅的小血管出血。电凝止血的优点是止血迅速、不留线结于组织内，但止血效果不完全可靠，使用挥发性麻醉剂（如乙醚）麻醉时，用电凝止血易发生爆炸，不宜采用。

烧烙止血：用电烙器或烙铁烧烙作用使血管断端收缩封闭而止血，兽医临床上多用于弥漫性的出血、羔羊断尾术和某些肿瘤摘除手术后的止血。

激光止血：激光是近年来用于临床的一种新的光电子技术，CO_2激光束经透镜聚焦后，由于局部产生巨大的热量，可使创口微血管（1.5mm直径以下的）断端烧焦封闭以达到止血目的。

3) 止血剂止血法。用一般方法难以止血的创面或肝脏、骨质等伤口的渗血，可用局部止血剂，常用的有明胶海绵、中草药止血粉，出血时先以干纱布吸拭创面，尽量使其干燥，再敷以止血剂，一般加压片刻后，即可达到止血目的。有时亦可用自体组织如网膜作为止血材料，骨质渗血可用骨蜡作为止血材料。

（4）闭合手术通路　手术结束后，仔细检查腹腔，确定腹腔内无出血，无线头、纱布及其他手术器械遗留在腹腔内。腹膜用细丝线作螺旋形缝合。为避免误缝内脏，进针时可用压肠板或左手指将腹膜垫起，隔离腹腔内脏器官，缝到最后一针时，向腹腔内注入0.5%普鲁卡因稀释的抗生素溶液，腹膜缝合后，用灭菌盐水清洗创腔除去异物、血凝块。用4号丝线间断或连续缝合腹内斜肌，间断缝合腹外斜肌。用丝线结节缝合皮肤，结打在创缘一侧，伤口用碘酊擦拭。术部装置结系绷带。

三、术后护理

1）麻醉清醒后将动物送到温暖、清洁的厩舍内，以防创口感染。
2）当天禁食，只给饮水，术后第二天给以富有营养易消化的饲料。
3）术后前3d注意体温变化，全身及局部反应。
4）术后7~10d拆线。

第十二节　肠切开与肠切除术

适用于粪结、异物或蛔虫等引起的小肠梗阻；各种类型的肠变位（肠套叠、肠扭转、肠绞窄、肠嵌闭等）引起的肠坏死、广泛性肠粘连、不宜修复的广泛性肠损伤或肠瘘，以及肠肿瘤的根治手术；各种动物的肠结石。

一、保定

马属动物右侧卧位保定，反刍动物左侧卧位保定。

二、手术操作

1. 麻醉　　马、驴用水合氯醛静脉注射，麻醉前注射氯丙嗪 0.5～1.0mg/kg；电针麻醉：百会、臂肱组穴。牛、羊用静松灵肌肉注射，局部用普鲁卡因浸润麻醉。

2. 术部定位　　马属动物左胁部中切口，反刍动物右胁部中切口。

3. 术式

1）术部剪毛、脱毛，常规消毒，置手术巾，并用巾钳固定在皮肤上。

2）紧张法切开皮肤，钳夹或结扎止血，切口创缘两侧用手术巾覆盖，并用巾钳或缝线将其固定在切口边缘。

3）按肌纤维方向钝性分离腹外斜肌、腹内斜肌、腹横肌。分离腹横肌时，注意避开肌膜上的髂腹下神经、髂腹股沟神经。

4）营养较好的马腹膜外脂肪较发达，应剪除部分腹膜外脂肪，显露足够的腹膜面积。

5）术者左手持止血钳或手术镊夹住腹膜，助手距其旁 2cm 处夹住腹膜，用刀、剪在已形成的腹膜皱襞上切（剪）一小口。

6）从腹膜切口向腹腔内插入有槽探针或手指，稍抬腹膜，用剪刀扩大腹膜切口。

下面分别叙述马、驴小结肠侧壁切开和羊小肠部分切除的方法。

（1）马、驴小结肠侧壁切开术

1）于左髂部，骨盆腔前口之间触摸到容有成形粪球之小结肠，并将其牵引出于切口之外。

2）将牵引至腹腔之外的肠管用温盐水纱布保护并与切口严密隔离。

3）将粪结附近的液状肠内容物挤向两侧，用套有胶皮管的肠钳闭合粪结两端的肠管。

4）助手举起肠钳，使肠与地面呈45°角并呈紧张固定。

5）术者用外科刀在肠纵带上一次全层纵行切开肠壁，切口长度约为粪结纵径的3/4即可。此时，所用过的器械、纱布已经污染，集中于专用的器械盘内。

6）助手自粪结两侧适当挤压，粪结由肠壁切口自动滑出，容于器皿内。

7）用酒精棉球或0.1%硫柳汞液消毒创缘，用直圆针4～6号丝线连续缝合肠壁全层。此层缝合完毕，即已转入无菌手术。

8）清洁处理肠壁，术者、助手重新洗手，再进行垂直褥式内翻或水平褥式内翻缝合。

9）缝合完毕，除去肠钳，检查无渗液、漏气现象，用灭菌盐水冲洗肠管，并于缝合处涂抗生素软膏，将肠管纳入腹腔，检查无活动性出血，清点器械、纱布，缝合腹腔。

（2）羊小肠部分切除术

1）将小肠牵引至腹壁切口外，用浸有温生理盐水的大纱布块保护肠管并隔离术部。

2）切除有关的肠系膜，根据病变性质及程度，在欲切除肠系膜范围内，作一扇形或半圆形的预定切开线,在切开线的两侧,仔细双重结扎肠系膜的血管。结扎时,不要误伤健康部血管弓。

3)切除病变肠管:用套有胶皮管的直止血钳,尖朝向系膜。与肠管纵轴倾斜约 30°(向保留侧倾斜)夹住欲切除肠管之两端,再用套有胶管的肠钳分别在两端距切缘 5cm 处夹住肠管,以能阻滞内容物外流为宜,紧贴两端的直止血钳切除肠管。吸除断端内容物,擦拭清洁后,用 75%乙醇消毒断端肠黏膜,结扎肠壁上的出血点。

4)吻合:吻合方法有断端吻合、端侧吻合、侧侧吻合。缝合方法也有很多,但最常用的为两层缝合术,内层用肠线或丝线连续缝合,外层用丝线作垂直褥式内翻浆膜肌层间断缝合(伦勃特氏缝合);也有用连续缝合。下面仅以断端吻合术为例,说明吻合具体步骤:①助手扶持肠钳,使两断端肠管靠近。②在两肠端的肠系膜侧和对侧,距肠断端约 0.5cm 处,用 4~6 号丝线各缝合一针,以固定两断端,使其便于缝合。③用直圆针丝线(或肠线)连续全层缝合后壁,接着连续全层水平褥式内翻缝合(康乃尔氏缝合)缝合前壁。另外,缝合完后壁,可在肠管内置入预先准备好的略小于管径的黄瓜,使缝合前壁较为方便,防止狭窄。④除去肠钳,更换纱布垫、器械,生理盐水冲洗,术者、助手重新洗手消毒,转入无菌手术,采用间断垂直褥式内翻浆肌层缝合(伦勃特氏缝合)缝合前壁外层,完成前壁缝合后,将肠管翻转 180°,用同样方法缝合后壁外层。肠系膜与肠系膜对侧用垂直褥式内翻浆肌层缝合加强。⑤缝合肠系膜创缘:用丝线间断缝合肠系膜,缝合时勿刺破肠系膜血管,以防造成肠系膜血肿。

5)用灭菌盐水冲洗创部,局部涂以抗生素软膏,将肠管纳入腹腔。

4. 关闭腹腔

1)清点器械、纱布无误,检查腹腔内无出血,用丝线连续缝合腹膜,待缝到最后一针时,向腹腔内注入普鲁卡因青霉素溶液(0.25%普鲁卡因,溶青霉素 80 万单位)。

2)丝线连续缝合或间断缝合肌肉。

3)丝线结节缝合皮肤,并配合圆枕缝合。

4)伤口涂以碘酊和抗生素软膏,装置结系绷带,结束手术。

三、术后护理

1)麻醉清醒后将病畜牵至厩舍,注意防止摩擦或啃咬伤口。

2)术后当天不给饲,可给以适量的盐水。

3)术后给以抗生素治疗,术中失血较多的动物,应补液或输全血。

4)注意检测 T、P、R 的变化,术部变化及全身反应,对于手术的并发症,要早期发现早期治疗。

附:腹壁的局部解剖

肠的切开和吻合术是非常复杂的手术过程,既有腹壁切开,也有肠的切开和吻合,在手术过程中,制订合理的手术方案和手术径路是手术成功的关键。在手术过程中,应尽量避免对腹壁的肌肉、血管和神经造成不必要的损伤,因此,列出腹壁的上述结构特点,在制订合理的手术方案和手术径路时具有重要参考价值。

一、腹壁的肌肉分层

腹壁大部分由肌肉、筋膜及软组织构成，按其层次，由外向内可分为以下部分。

1）皮肤：由背腰向下逐渐变薄而具有活动性。
2）腹部皮肌：肌纤维纵行，覆盖于大部分侧腹壁上。
3）疏松结缔组织：在营养良好的家畜，内含脂肪。在腹壁的下部，公畜的疏松结缔组织包着阴茎，母畜的包着乳房。
4）腹黄筋膜：坚实的黄色纤维膜，其中贯穿大量的纤维，在腹底壁厚度最大，并与腹外斜肌的腱膜相连合。
5）腹外斜肌：起自第4至最后肋骨的下外侧面，止于腹白线及髂骨，肌纤维由前上方斜向后下方，遮盖住腹腔侧壁与底壁。
6）腹内斜肌：位于腹外斜肌内侧，起自髋结节，马止于后4或5个肋软骨的内侧面及腹白线，肌纤维由后上方斜向前下方。
7）腹直肌：位于腹壁的底部，起自胸骨，止于耻骨，内面及外面覆盖腱鞘板。
8）腹横肌：起于腰椎横突，止于腹白线，肌纤维由上向下垂直行走，在腹下部移行为腱膜覆盖腹直肌背面。
9）腹膜外脂肪及腹膜：营养良好的家畜有腹膜外脂肪。

二、腹部白线

腹部白线是由剑状软骨到耻前腱，沿腹中线行走的纤维性缝际，由腹斜肌、腹横肌的腱膜联合形成。纤维几乎以横向相互交织。白线分为脐前部和脐后部，在脐前部切开腹腔时较为容易，脐后部的纤维性缝际很窄。

三、腹壁的血管分布

腹前部的血管来自肋间动脉和腹壁前动脉。肋间动脉分布于腹横肌、腹外斜肌、皮肤及皮肌。

腹壁前动脉是胸内动脉的延续，由肋弓和剑状软骨交界处出胸腔，在腹直肌外侧面向后行，逐渐离开肋弓，末端终于腹直肌的中部。在动脉的外侧伴有同名静脉。

腹中部的血液供给来自肋间动脉，旋髂深动脉，腹壁前、后动脉。旋髂深动脉是髂外深动脉的分支，由髋结节下缘分为二支，一支向前，另一支向前下方。前支以水平方向向前，和腹内斜肌的上缘交叉；前下支沿腹内斜肌内侧，向前下方走向最后的肋骨下端。腹壁后动脉沿腹直肌向前行走，到脐部与腹壁前动脉吻合。

四、腹壁的神经分布

剑状软骨部分布有肋间神经的终支。深支出自肋弓下缘，沿腹横肌外侧，紧贴腹直肌到白线。

1）最后肋间神经：浅支分布于髂区。深支沿腹内斜肌深面下行，终于腹直肌。
2）髂下腹神经（第一腰神经腹支）：浅支经腹内斜肌与腹外斜肌之间，穿过腹外斜肌，向后下方分布于髋后部与膝褶，深支达腹直肌。

3）髂腹股沟神经（第二腰神经腹支）：浅支分布在膝褶皮下，深支在髂下腹神经后方，与之平行，分布到腹横肌及腹内斜肌，以及腹股沟部皮肤与外生殖器。

第十三节　瘤胃切开术

瘤胃切开术为外科临床最常见的手术，其适应症主要见于严重的瘤胃积食，经保守疗法治疗无效者；创伤性网胃炎或创伤性心包炎，进行瘤胃切开取出异物；胸部食管梗塞且梗塞物接近贲门处，进行瘤胃切开取出食管梗塞物；瓣胃梗塞、皱胃积食，可做瘤胃切开术进行胃冲洗治疗；误食有毒饲料或饲草，且毒物尚在瘤胃内滞留，手术取出毒物并进行胃冲洗；网瓣胃孔角质爪状乳头异常生长者，可经瘤胃切开拔除；网胃内结石、网胃内有异物，可经瘤胃切开取出结石或异物；瘤胃或网胃内积沙。

一、保定

牛一般采取站立保定，也可进行右侧卧保定。

二、手术操作

1．麻醉　手术切开部位局部浸润麻醉或腰旁神经传导麻醉，也可电针麻醉。

2．术部定位

（1）左肷部中切口　在左侧髋结节与最后肋骨连线的中点，腰椎横突下方6～8cm处，垂直向下作一25～30cm的腹壁切口，此切口常可作为瘤胃积食的手术通路。一般体型牛可兼用网胃内探查、胃冲洗和右侧腹腔探查术。

（2）左肷部前切口　距最后肋骨5cm左右，腰椎横突下方8～10cm，作一与肋骨平行，长约25cm的切口，用于体型过大牛的网胃探查与胃冲洗。

（3）左肷部后切口　在第4或第5腰椎横突下6～8cm处，垂直向下切开25cm左右。

3．术式　术式同马属动物左肷部切开的层次。为了得到宽大的手术野，可将皮下组织、腹外斜肌、腹内斜肌垂直切开。牛的腹壁肌层较薄，分离时要注意区别腹膜与瘤胃壁，以免过早地切开胃壁。腹腔切开后，瘤胃的固定与隔离方法常用的有以下四种。

（1）瘤胃浆膜肌层与皮肤切口创缘连续缝合固定法

1）瘤胃固定：用弯三角针，10号丝线于切口下角开始，作瘤胃浆肌层与左侧皮肤缘连续缝合，针距1.5～2.0cm，直达皮肤切口上角，然后再从上角向下作同样缝合。缝合左侧瘤胃与皮肤创缘时，应将瘤胃壁向后拉，缝合右侧瘤胃与皮肤创缘时，将胃壁向前拉，使胃壁露在切口内的宽度为8～10cm。缝合完毕，检查切口下角是否缝合固定，必要时作补充缝合。

2）瘤胃切开：在瘤胃切开线上部，避开肉柱和血管，用力穿一小孔，放出瘤胃内气体。放气时用布隔离好创围，以防胃内容物外溢，然后用剪刀先上后下地扩大切口，至距缝合固定点上下角各2～3cm，套入橡皮洞巾，瘤胃腔外的洞巾四角展平并用巾钳固定在创布上即可进行瘤胃内取物和网胃内探查。瘤胃壁切开后为污染手术，用过的器械、敷料应分别放置。

3）病区的处理：瘤胃积食时，取出胃内容物1/3～1/2，剩余的胃内容物，掏松后分散到瘤胃各部；若胃内容物为发酵饲料，取出胃内容物后灌入止酵剂。

对于有毒胃内容物，全身尚未出现中毒症状时，需把有毒内容物取出大部，并用大量盐水冲洗，给以相应的解毒药。

网胃内探查：术者手自瘤胃背囊向前下方经瘤网胃孔进入网胃，首先检查网胃前壁和胃底部每个多角形黏膜隆起褶——网胃小房有无异物，胃壁有无硬结和脓肿。

探查网瓣胃孔：网瓣胃孔位于网胃右方，口径有3～4指宽，术者手指插入孔内可探查瓣胃内容物的硬度。触及网胃右侧壁，可检查瓣胃的体积、硬度，如瓣胃阻塞，可用胃管经瓣胃孔插入瓣胃，经胃管向瓣胃内灌入温盐水。边灌边用手指掏取瓣胃内容物。

4）胃壁的缝合：瘤胃内手术结束后，取下橡皮洞巾，用0.1%新洁尔灭或生理盐水冲洗胃壁创缘与浆膜上的胃内容物。冲洗时以灭菌纱布堵好切口下角，以防流入腹腔内。用圆针丝线自下而上地连续缝合胃壁全层。缝合要平整、严密，防止黏膜外翻。用温生理盐水再次冲洗胃壁上的血凝块，并用浸有青霉素普鲁卡因的纱布覆盖创缘，拆除瘤胃皮肤缝合线，清理局部。

手术人员重新洗手消毒，更换器械、敷料，对瘤胃进行连续垂直或水平内翻浆肌层缝合。局部涂以抗生素软膏，腹腔内注入青霉素盐酸普鲁卡因，缝合腹壁。

（2）瘤胃六针固定和舌钳夹持外翻法　瘤胃显露后，切口下角作一针钮孔状缝合（瘤胃浆肌层与皮肤），其余五针用同样缝合法将胃壁固定在腹内、外斜肌上。为使胃壁充分暴露，在缝合后部时将胃壁向前拉，缝合前部时则胃壁向后拉，缝合上部时应把瘤胃向下拉。

打结前在瘤胃与腹腔之间，填入浸有青霉素普鲁卡因的纱布。纱布的一端在腹腔切口内，另一端置于腹壁切口外，打结后胃壁紧贴在腹壁切口上，使瘤胃术部明显突出。

胃壁固定后，在突出的瘤胃壁周围和切口之间均填以浸有青霉素普鲁卡因的纱布条，外盖一小创布，并用固定创布的巾钳固定在皮肤上，最后在小创布孔周围填以浸有青霉素普鲁卡因的纱布，以便在切开胃壁外翻时，胃壁的浆膜层能贴在纱布上，减少对浆膜层的损害。

胃壁切开外翻，在瘤胃切开线的上1/3部，用刀穿通胃壁约一个舌钳宽度，立即用舌钳夹住胃壁创缘，向上向外拉起，防止胃内容物外溢，然后用剪刀扩大切口，距上下部缝合点2～3cm处，用舌钳分别固定切开的胃壁创缘，并使其提起外翻，用巾钳将舌钳固定在皮肤上，然后套入橡皮洞巾。

（3）瘤胃四角吊线固定法　首先将瘤胃壁预作切口部分拉出腹壁切口外，在胃壁与腹壁切口之间填塞大块灭菌纱布。在瘤胃壁切口的左上、左下、右上、右下角依次用10～12号丝线穿入胃壁浆膜肌层，两针孔的距离为2cm，两条牵引线相距约5cm。切开胃壁，助手拉紧牵引线使胃壁浆膜紧贴术部，并将其缝合固定于皮肤上。

（4）瘤胃缝合胶布固定法　瘤胃暴露后，用一70cm^{2}且中央带有6cm×12cm的长方形塑料布或橡皮洞巾，将瘤胃壁与中央孔连续垂直褥式浆肌层缝合，形成一隔离区，于瘤胃壁和洞巾下牢固地填塞大块灭菌纱布，将橡胶洞巾四角展平固定在切口周围，在长方形孔中央切开瘤胃。

（5）四种瘤胃固定法的比较　第一种方法隔离严密，对瘤胃创口与皮肤创口机械性摩擦较小，适用于瘤胃内容物大量取出时，但胃壁固定需时较长，腹壁切口较大。第二种方法操作简便，使用舌钳较多，但无菌要求较彻底，对瘤胃切口浆膜保护较好。适用于各种类型瘤胃内容物的取出。第三种方法操作简单，适用于不取出瘤胃内容物的网胃内探查与寻取异物。第四种方法操作较简单，腹壁切口小，缺点是瘤胃切口未作外翻。手臂进出瘤胃切口造成的磨损较大。

三、术后护理

1）术后第2天给以米粥类和柔软饲草，切忌过饱，经5~6d后，恢复正常饲喂量。
2）术后检查：术后每日检查全身情况，尤应注意体温的变化。
3）术后使用抗生素疗法。
4）适当对症疗法：脱水严重适当补液，胃肠蠕动弱的可应用兴奋胃肠蠕动的药物。
5）术后10~12d拆线。

附：牛腹腔、四胃局部解剖

牛有瘤胃、网胃、瓣胃和皱胃四个胃，前三个胃又叫前胃。皱胃具有腺体，所以又叫真胃。

瘤胃占据腹腔的左半部，胃的中下部达右侧腹腔，胃的前端达第7~8肋间隙的下部，后端达骨盆腔入口，瘤胃的上外面及下面紧贴腹壁，前面紧贴横膈膜并与网胃相连。瘤胃的左侧面与脾和腹壁相接，上有左纵沟，右侧面与瓣胃、皱胃、肠、肝等脏器相接，上有右纵沟，左、右纵沟上有大网膜的脏层。瘤胃前腹侧有横行的前沟，将该部分为前背盲囊和前腹盲囊，前背盲囊向前延续为网胃，二者之间有瘤网胃间沟，并有一圆顶室称为瘤胃前庭，是食道末端部分。瘤胃后端达耻骨前方，与肠管和膀胱相邻接，后端有一横沟，将瘤胃后端分为后背盲囊和后腹盲囊，后沟与瘤胃的纵沟相连接。瘤胃的内侧面有肉柱，分前柱、左柱、右柱、后柱、背冠状柱和腹冠状柱，手术时应避开。

网胃是四个胃中最小者，位于剑状软骨区的体正中面偏左，与第6~8肋相对，其前壁紧贴横膈膜及肝，而膈与心包之间的距离约2.5cm。网胃黏膜形成许多四角形、五角形或六角形黏膜隆起褶，称为小房。在网瓣胃孔处有类似小鸟爪样的角质爪状乳头，有时角质爪状乳头异常生长，造成网瓣胃孔的不全堵塞。食管沟是连接食管与瓣胃间可以启闭的沟状管道。起自食管贲门口，经瘤胃前庭和网胃的左侧壁延伸至网瓣胃孔。

瓣胃呈椭圆形，位于体正中面的右侧，在肩端水平线与第8~11肋间隙相对，前由网瓣胃孔与网胃相连，后由瓣皱胃孔与皱胃相接，壁面斜向右前方与膈、肝相接，脏面与瘤胃、网胃和皱胃相邻。瓣胃黏膜有许多高低不同的皱褶，称为叶，叶的一侧附着于胃壁上，另一侧为游离缘。在网瓣胃孔与瓣皱胃孔之间有瓣胃沟，沟长约10cm。瓣胃沟向腹侧稍偏内后方，此部无叶，仅有小乳头附着，较干固而粗糙的食物，经叶面角质摩擦变细碎。液状细软的食物，可直接自沟中通入皱胃，瓣皱胃孔处有横褶称胃帆，可防止皱胃内容物反流。

皱胃（真胃）为一梨状囊，位于腹腔底壁及网胃与瘤胃腹囊的右方。皱胃起始部宽大称底，与瓣胃相连，后端变窄，称幽门端，与十二指肠相接，中部称体。皱胃背侧缘凹陷称小弯，与瓣胃相邻腹侧缘突出称大弯。大弯位于腹腔底壁，自剑状软骨部沿肋弓伸向最后肋骨的下部，皱胃黏膜平滑而柔软，形成12～14个螺旋褶。正常情况下，该胃仅有适量的粥状内容物，皱胃积食时，体积可扩大3～4倍。

第十四节　公马、公牛、公羊去势术

公畜去势可改变其性情，使性烈家畜性情温顺，便于饲养管理；提高生产性能或经济价值，选育优良品种，淘汰不良畜种；提高肉用家畜的皮毛质量和使肉质变细嫩、味美，并能加速肥育、节约饲料；治疗睾丸炎、睾丸肿瘤、睾丸创伤、鞘膜积水等疾病，用其他方法治疗无效时，去势术成为治疗这些疾病的方法之一；当发生腹股沟阴囊疝时，在手术还纳疝内容物后，常常进行睾丸摘除术，然后闭合腹股沟内环。

一、术前准备

1）去势动物于术前禁食12～24h，同时注射预防量破伤风抗毒素。
2）对去势动物进行临床检查，如体温高、贫血或有严重疾病者，不宜进行去势。
3）检查阴囊皮肤有无肥厚、粘连，睾丸发育是否正常，并经直肠内检查腹股沟内环大小，如超过三指，应采用被睾去势。
4）去势术一般在室外露天场地进行，因此施术场地应选择避风、平坦、松软的地上进行，以防倒马时摔伤。场地扫平，用水泼洒，以防尘土飞扬，污染创口。

二、保定

马左侧卧保定，右后肢前方转位，装置尾绷带。牛侧卧保定，羊倒立保定，腹部向着术者。

三、消毒

1）去势器械按常规进行消毒，并放在消毒的器械盘内备用。
2）去势部位（阴囊、会阴部）用温肥皂水或3%酚皂液清洗，擦干，涂5%碘酊，再以75%乙醇擦拭。

四、术式

1. 公马去势术

1）术者位于马的腰臀部，助手位于马的腹侧部，术者将两睾丸挤入阴囊，用左手捏住阴囊颈部或用灭菌纱布条（绷带）扎紧，使阴囊缝际位于两睾丸之间。
2）术者右手执刀，于阴囊底部距缝际1～2cm处与缝际平行切透阴囊皮肤与总鞘膜，切口长度以睾丸能自由脱出为度，先切上方睾丸，再切下方睾丸。
3）术者一手握住睾丸，一手将阴囊皮肤推向腹壁，助手剪断阴囊韧带，然后术者沿剪断的切口向上钝性剥离一定程度，睾丸即可下垂。
4）除去睾丸有以下几种方法：①捻转法：助手用固定钳在睾丸上方6～8cm处夹住

精索，交给术者，再用捻转钳在固定钳下方 2cm 处钳住精索，进行捻转除去睾丸，断端涂碘酊后，除去固定钳。以同样方法除去另一侧睾丸。②挫切法：先上好固定钳，再紧靠固定钳装上挫切钳，使钳嘴与精索垂直，"挫齿"向腹壁侧，"切刃"向睾丸侧，靠近固定钳处夹住精索，徐徐紧闭钳口，挫断精索除去睾丸，停留 1～2min，再缓慢地张开钳口，断端涂碘酊。以同样方法除去另一侧睾丸。③结扎法：在暴露精索后，在睾丸上方 6～8cm 的精索上，用粗缝合线作双套结扎。为了防止结扎线松脱，可用缝针带线穿过精索的一部分，进行穿线结扎，然后在其下方 1.5～2.0cm 处切断精索，除去睾丸，断端涂碘酊，剪掉结扎多余线头。以同样方法除去另一侧睾丸。

5）除掉两侧睾丸后，用消毒纱布块擦去创内血液而后整理创口外缘，最后向阴囊腔内撒布消炎粉或青霉素粉，解除保定，一手抓住尾巴协助马站起。

2．公牛去势术

（1）无血去势法　用左手的食指与拇指将精索挤到阴囊的一侧固定，右手持无血去势器开张钳嘴，将精索夹住，将一个把柄抵在自己的腿上或放在地上，然后右手用力压紧钳柄，如听到一种断腱声，即证明挫灭精索，静止 1～2min，然后将无血去势器开张下移至第一次挫灭下方 2cm 处，再进行一次挫灭精索。另一侧用同样方法进行，而后涂碘酊，解除保定。

（2）有血去势法　术者用左手握住阴囊颈，使两睾丸挤向阴囊底部使阴囊紧张，右手执刀在阴囊部切开阴囊皮肤、肉膜、总鞘膜，使睾丸露出。切开方法有三种：①纵切法：将睾丸挤向阴囊底部，在阴囊的前外方或后外方与阴囊缝际平行切开，直达阴囊底。适用于成年公牛。②横断法：用手捏住阴囊底部，使用外科剪去阴囊底部皮肤。适用于 3 岁以下小公牛。③横切法：在阴囊底部作一垂直阴囊缝际横切口，适用于犊牛。

露出睾丸后由助手剪断鞘膜韧带、充分暴露精索后由助手进行结扎，在距结扎线下 2cm 处，剪断精索，除去睾丸，断端涂碘酊并剪断结扎线，以同样方法除去另一睾丸（也有在暴露精索后应用挫切钳，切断精索，除去睾丸）。

也可用横断法剪去阴囊皮肤，但不剪开总鞘膜，将总鞘膜连同睾丸挤出，用右手将阴囊推向腹壁附近，使睾丸精索充分露出，在鞘膜外面结扎精索，切除睾丸。

3．公羊去势术　公羊去势术基本同牛。纵切法多用于羔羊，在阴囊缝际上作一切口，然后从阴囊中隔处分别切破左右阴囊腔，将两个睾丸取出，结扎后除去睾丸。大羊的去势，作两个切口，方法同牛。

五、术后护理

1）饲养去势牲畜的厩舍，务必保持清洁干净，定期消毒，防止动物躺卧时感染。
2）去势牲畜应单槽饲喂，适当减饲，但应给予易消化、营养丰富的饲料。
3）每日加强观察，发现异常立即采取措施，并定期进行检查及牵遛运动。

六、注意事项

1）注意人畜安全，防止发生意外。保定绳索要结实，保定时防止腰部、头部、眼弓、四肢等发生损伤，性情暴烈的马、骡、牛等，可应用麻醉剂或镇静剂。

2）阴囊切口的方向及大小必须正确，否则易发生创液潴留，精索断端的捻转必须确实，以免发生术后出血。结扎必须牢固，松紧适当，如结扎过紧，常将部分精索及血管勒断，造成出血；结扎过松，则精索断端出血。

第十五节　母猪卵巢摘除术

母猪卵巢摘除术可改变母猪的内分泌状态，使肉质改善；治疗因卵巢疾患而引起的性机能异常亢进。

一、小母猪卵巢摘除术

小母猪卵巢摘除术（俗称"小挑花"）适于1～2月龄体重不超过15kg的小母猪。

1. 保定　术者左手提起猪的左后肢，右手抓住左膝前皱襞使其右侧卧地，术者立即以右脚踩住猪的左侧颈部或右耳。再将其左后肢向后伸直，使猪的后躯呈半仰卧状态，术者左脚踩住猪左后肢系部，使猪的下颌部、左后肢膝盖骨至蹄成一直线。

2. 术式　术者左手以虎口卡在猪的左髋结节前沿，随之握住腰荐部，同时，大拇指用力压迫左侧乳头与膝褶之间的岬部，右手执刀（以拇指和食指掌握刀口深度）刀刃垂直向下切入，切透腹肌和腹膜，见腹水流出（如位置正确，这里正是子宫弯曲部）。随猪的嚎叫，腹压增高，子宫角随腹水自动涌出。如子宫角不涌出，可将刀柄伸入切口内轻轻地作弧形搅动，当子宫角涌出后，仍需紧压切口边缘，尽量多挤出子宫角，此时左右手的拇指及食指交互导出两侧卵巢，并从子宫体处挫断。创口涂碘酊消毒，将猪的后肢提起，稍加摆动，即可放回圈内。

二、大母猪卵巢摘除术

此法适用于15kg以上的母猪。

1. 保定　右侧或左侧卧位保定均可，使猪背部向着术者。用一只脚踩住颈部，助手牵引并按压两后肢。

2. 术式　切口部位选择在髋结节前下方5～10cm处，相当于肷部三角区的中央。术者执刀以紧张切开法切开皮肤，创口2～3cm。用食指戳破腹肌及腹膜，适当扩大创口后，以食指及中指伸入腹内探找上侧卵巢，将其取出后用止血钳固定，再伸入手指探找下侧卵巢，将其取出后，分别进行结扎剪除。也可采取先取出一侧卵巢，结扎剪除，再沿子宫角导出另一侧卵巢，结扎后除去。用缝线将腹膜及腹肌作连续缝合，创内撒磺胺粉，皮肤创口作结节缝合，涂碘酊消毒即可。

三、注意事项

1）术前必须禁食半天以上，以免腹压过大，影响手术操作，尤其是小母猪卵巢摘除术时必须是空腹，这是手术成功的主要条件。

2）准确确定手术部位，特别是小母猪手术时，创口靠前，肠管容易脱出；创口靠后，膀胱圆韧带容易脱出。

附：猪卵巢局部解剖

卵巢位于骨盆腔入口顶部的两旁，左右各一，2~4个月龄小猪的卵巢呈卵圆形或肾形，小豆大，表面平滑，粉红色，其位置在第一荐椎岬部两旁稍后方，腰小肌腱附近。

输卵管细而弯曲，颜色粉红或鲜红，一端接近卵巢，一端连于子宫角。输卵管系膜很发达，形成大的卵巢囊，伞端开口较大。

子宫包括子宫角、子宫体、子宫颈三部分，为双角子宫中的长角子宫，位于骨盆入口，两侧游离地连于子宫阔韧带上。子宫角的前部位于骨盆腔入口的两侧稍前方，相当于髋结节稍后方的位置。子宫体很小。子宫颈与阴道之间无隆起线，直接相连。

第十六节 创伤的检查、诊断与治疗

创伤检查的目的是在对创伤进行治疗之前了解创伤的性质、决定治疗措施，在治疗过程中观察愈合情况及验证治疗方法。创伤的诊断主要是明确损伤的部位、性质、全身性变化及并发症，特别是原发性损伤部位相邻或远处内脏器官是否损伤及其程度。治疗的意义在于及时制止出血、防止休克，纠正水、电解质和酸碱平衡紊乱，尽早作创伤处理，防止感染，促进创伤愈合和功能恢复。

一、创伤检查的基本流程

1. 问诊与一般检查 先了解创伤发生的时间，致伤物的性状、发病时的情况等；然后检查病畜体温、呼吸、脉搏，并观察病畜的精神状态等。

2. 局部检查 局部检查包括创伤的外部检查、内部检查及分泌物检查。从外向内全面地检查，先观察创伤的部位、大小、形状、性质、种类、创口打开程度、有无出血及污染等；继而检查创围组织的状态及被毛情况，有无炎症症状；检查创缘平或不平、薄厚、有无肿胀、干燥或湿润，注意上皮形成情况；检查创面与创底时，注意解剖结构、血斑、水肿、坏死灶状态与部位，有无创囊及异物。若为肉芽创，应注意肉芽形状及发育情况。检查化脓性瘘管的方向、深度及有无异物时可用探针进行探诊或用手指触摸检查。分泌物检查，应注意分泌物的性质、稠度、色泽、气味、分泌量及酸碱度等。

二、创伤的治疗

根据治疗原则，对新鲜创进行止血、冲洗、缝合、包扎、固定、控制继发症等急救处理。对新鲜污染创施行彻底的清创术，将创内挫灭组织、创囊、异物等清除干净，为获取一期愈合创造条件。对感染创施行扩创术，消除创囊、凹壁、坏死组织、异物等，扩大创孔或作相对切口，使脓汁畅通流出。对肉芽创主要是保护肉芽，防止继发性感染，防止肉芽赘生，促进肉芽及上皮正常发育，促进创伤愈合。

第十七节 跛 行 诊 断

跛行不是病名，而是四肢机能障碍的综合症状。许多外科病及传染病、寄生虫病、产科病和内科病均可导致跛行的发生，若得不到及时诊断和治疗，不但会影响家畜的生产、使役或比赛能力，而且会降低饲料报酬、耗费药品，造成很大的经济损失。

一、问诊

了解跛行发生的时间，以及发病前后与跛行有关的各种情况，根据具体病例，需要什么了解什么。

二、视诊

1. 驻立视诊 让病畜站立于平坦地面，四肢放正，距其 2m 左右，围绕病畜前、后、左、右走一圈，系统地、仔细地从上到下进行观察，特别要注意常发部位；看头体位置、站立姿势、肢蹄的负重状态和外形上的变化。具体观察的内容为姿、负、局三个方面。

（1）姿　姿指看病畜整体的姿势。一看头体位置的改变，以头颈高抬、低下和头颈躯干偏向健侧，来判定是两前肢有病、两后肢有病还是同侧前后肢有病。二看姿势有无异常，是否表现前伸、后踏、内收、外展、系部直立、屈曲等异常姿势。

（2）负　负指病肢的负重状态。患肢常呈现免负体重或减负体重。

（3）局　局指肢蹄的局部变化。看肢体有无延长或缩短、变形、肿胀、破溃、萎缩、化脓、疤痕；蹄的外形是否正常、角度是否正常、蹄壁表面有无裂口、蹄轮形状是否正常、蹄冠部位有无肿胀、被毛是否逆立，以及蹄铁情况等，与对侧肢外形上是否一致。

2. 运步视诊 距病畜 3~5m，有步骤地从前方、侧方、后方进行比较观察。在前方看点头运动，前肢落地时肩关节是否发生震颤或外突，下踏时有无内收、外展等变化，在后方看臀部的升降运动、后躯的摇摆、后肢划弧运动等；在侧方看肢的提举、伸扬、步幅和肢的落地负重等。具体观察的内容重点为点、负、屈、伸、步、蹄音六个方面。

（1）点　点即看点头时臀部（尻部）的变化。

（2）负　看运动中负重的情况。

（3）屈　看运动中肢、关节的提举情况，比较两侧是否一致。

（4）伸　看伸展是否充分，两侧是否相等。

（5）步　看步幅，一步间的比例有无变化，是前方短步，还是后方短步，是紧张步样、鸡跛还是黏着步样。

（6）蹄音　注意蹄落地时声音的轻重。

3. 局部检查 在视诊的基础上，前肢从蹄（指）、系部、系关节、掌部、腕关节、前臂部、臂部及肘关节、肩胛部；后肢从蹄（趾）、系部、系关节、跖部、跗关节、胫部、膝关节、股部、髋部、腰荐尾部，进行全面、系统，有步骤，有顺序，有重点的检查，其要领主要是对各个部位用手进行触压、滑擦、牵引、屈伸等，以确定局部的温度、疼痛、肿胀、摩擦音等，而且要与对侧肢比较，寻找出异常部位或痛点。

第三章 兽医产科学实验基本操作

第一节 未孕母畜生殖系统的直肠检查

直肠检查是兽医临床上常用的可以对生殖器官直接进行检查的方法，采用这种方法可以检查生殖器官的各种生理状态及病理变化，了解母畜生殖器官各部分的位置、形状、大小、质地及其他特点，为妊娠检查及疾病诊断奠定基础。因此，对母畜的生殖状态进行准确评价，是兽医产科临床中必须掌握和熟练运用的技能。

兽医产科临床母畜生殖系统检查经常应用于马属动物和牛，其中又以牛的直肠检查最为常见，因此，本节以母牛的直肠检查方法为例进行阐述。

一、直肠检查前的准备工作

1）妥善保定母牛：在诊疗架内检查时，母牛后方不可加拦阻绳，以免检查过程中母牛突然下卧，引起检查者及母牛受伤。在奶牛场检查时，奶牛无须特别保定，一般奶牛场可在牛栏内进行直肠检查，大型奶牛场如果经常要对大批牛进行检查，可制作一个有保定作用的活动牛栏，以便检查完毕后，将各类母牛（妊娠牛、未妊娠牛、可疑牛和淘汰牛）分别放出，这样可减轻劳动强度，提高工作效率。

2）剪短指甲并磨平，洗净并在手臂上涂以润滑剂，检查时戴专用检查长手套。

3）熟悉直肠检查时的操作要领和注意事项。

二、直肠检查的操作要点

1）将被检母牛保定在诊疗架内。

2）检查者站于母牛臀部的后侧方（右手检查时站于左侧，左手检查时站于右侧），左（或右）腿向前踏半步，右（或左）腿在后斜向站立。不用于检查的手将尾巴拉于一侧，并将尾按压在同侧臀部上作为一个支点。

3）母牛的肛门周围涂润滑剂，并抚摸肛门，避免突然接触，引起母牛惊慌。

4）将手指并拢成楔状，缓缓旋转插入肛门。手臂进入肛门后，直肠内如有宿粪，可用手指扩张肛门，使空气由手指缝进入直肠内，促使宿粪排出。排不出时用手掏出。掏出粪便时，手掌须展平，少量而多次地取出，切勿向外硬拉。

5）掏取粪便后，应当再次在手臂涂以润滑剂，伸入直肠，即可探查欲检查器官。

6）检查者必须了解和掌握母牛有关解剖（特别是生殖系统和腹腔内脏器官的解剖）和妊娠生理知识。这是着手进行检查和提高准确率的先决条件。反刍动物腹腔器官以胃的体积最大，它位于腹腔左侧，充满内容物时，可向后延伸到骨盆入口的前下方，使妊娠的子宫下垂。另外，随着妊娠进展，子宫也可自行移向右侧或沉到下腹部，因此有时（尤其是体格较大的牛）直肠触诊检查生殖器官有困难。

肾脏是分叶的结构，每一叶大小和形状与不规则的苹果差不多，其悬垂于腹腔上部，因而不会同妊娠子宫的胎盘发生混淆。在大多数牛，肘部伸入直肠时手就可触到肾脏，其位置比妊娠子宫要高。

膀胱积满尿液时进行直肠触诊有困难，因为直肠被膀胱向上顶而膨胀突出，遇到这种情况可等待或设法使膀胱排空后再行检查。只要仔细触诊就不容易将膀胱误认为妊娠子宫，通常膀胱的壁比较厚，而且波动感比子宫要强。

对于一个缺乏经验的兽医来说，骨盆骨是进行直检的一个有用标志，因为骨盆骨是固定不动的，可以用来确定其他器官的方位，骨盆的腹腔缘通常叫作骨盆入口前缘或骨盆腔前缘，这是确定方位的一个重要结构。

三、直肠检查的注意事项

直肠检查时，最重要的是不要损伤肠黏膜。常见的引起肠黏膜损伤的原因有检查时过于用力，动作粗暴；直肠吸入空气后紧张或直肠持续收缩的情况下检查；指甲太长或检查持续时间太长。为了避免损伤肠壁，直肠检查时应该注意以下几点。

1）直肠检查只能在肠壁弛缓状态下进行，遇努责或肠管蠕动紧缩时应停止操作。当出现强烈努责时，将手臂向外排挤，手臂切忌用力硬推，否则易造成肠壁穿孔。因努责影响操作时，可采用手指指捏母牛背部脊柱，或抚摸阴蒂，或抓提膝部皮肤皱襞，或喂给饲料，以减弱或停止努责。

2）直肠持续性收缩，肠壁紧套于检查者手臂上，但并不向外挤压，致使手臂无法自如地探摸，此时也可采用上述方法制止努责，促使肠壁停止收缩。

3）直肠壁紧张，向骨盆腔周围膨起呈坛状，手掌在直肠内拍打时，可以听到敲击瓷坛声。遇此状态，可将手指聚拢成锥状，缓缓地向前推进，刺激结肠的蠕动后移，以促使直肠壁舒展变软。如果上述措施无效，需要耐心等待，使其自行舒展后，再行探摸触诊。

4）在直肠内探摸过程中，只允许使用指肚，切不可用指甲乱抠、乱抓、乱划。

5）在直肠内寻找不到目的器官时，应间隔一定时间将手臂取出，查看有无血迹，以便及时发现肠壁破损并及时进行医治和处理。

四、生殖器官的检查

1. 熟悉腹腔、骨盆腔解剖结构　　手伸入直肠到达骨盆腔后，首先感知、熟悉骨盆腔的基本结构、形状及一些标志性结构的位置，这对初次进行直肠检查的人员尤其重要。因此，在检查之前应熟悉骨盆腔内各器官的解剖位置。骨盆腔中最容易感觉到的是骨盆入口，尤其是耻骨前缘、髂骨干等。

2. 子宫颈的检查　　当手臂进入母牛肛门后，首先应寻找子宫颈。手指向下轻压肠壁，在骨盆底的中间可摸到一个坚实的、纵向似棒状的物体即为子宫颈，可用拇指、中指及无名指握住子宫颈。在妊娠、子宫患有疾病或经产的乳牛，子宫颈可能向前移至骨盆腔入口附近或进入腹腔。

牛子宫颈的大小随母牛的年龄、繁殖状态及是否有异常而有所不同。正常未孕成年牛的子宫颈长7~10cm，后端直径为3~4cm。随着年龄及胎次的增加，子宫颈变粗，尤其是在后端更加明显。处女牛的子宫颈较小，如果发现未孕青年母牛子宫颈较大，则说明可能在以前发生过流产。

妊娠牛的子宫颈在临产松弛之前一般不会变大，但在分娩的第一及第二阶段则会发生充血。产后子宫颈的复旧基本与子宫同步，但过程略为缓慢，因此，当子宫角已经复旧时子宫颈仍然较大，流产后也有这种迹象，可用来帮判断动物是否发生了流产。

各种病理变化也可引起子宫颈的大小发生明显变化，同时也可使子宫颈的形状和质地明显改变。

子宫颈的形状一般不会随着生理状态的改变而发生变化，但在一些老龄母牛，由于多次分娩，子宫颈可能遭受不同程度的损伤而发生改变。在临床上常见到的子宫颈形态异常主要发生于子宫颈炎及子宫颈周围发生脓肿的病例。患子宫颈炎时，子宫颈的形状有不同程度的改变。

在正常未孕牛，子宫颈大多数位于骨盆腔内。但个别品种，尤其是经产奶牛，子宫颈可能位于腹腔入口。由于子宫颈位于膀胱之上，因此当膀胱充满尿液时，子宫颈的位置也可能偏移。由于子宫颈是直接由阔韧带、间接由阴道固定，游离性比较大，直肠检查时可以向各个方向移动，但其游离性在很大程度上受子宫重量的限制。子宫重量增加时会将子宫颈拉向骨盆边缘。如果子宫中有液体，则子宫颈的活动性也会降低，如在子宫积脓、子宫积液、子宫肿瘤，以及胎儿浸溶和胎儿干尸化的病例会表现为子宫颈前移。

3. 子宫的检查 检查完子宫颈后，将手向前移动，到达子宫颈内口时就可触诊到子宫体，它的质地较子宫颈柔软且富有弹性。触诊到子宫体后，手指继续向前移，此时，可摸到角间沟和两子宫角的分岔。角间沟是一条明显的纵沟，将中指放在上面左右活动一下就可清楚地感觉到。然后将食指及无名指略微分开，触到子宫角后，就可触诊它们的长度、粗细及质地。未孕或怀胎次数少的牛两子宫角的粗细、长度基本是对称的，而产犊次数多的牛往往一侧子宫角较另一侧要长。

直肠检查时如果发现子宫颈可以移动，则表明子宫内容物不多，子宫的重量小，因此应将子宫向后拉并翻转过来进行详细检查。可用中指抓住子宫腹面的角间韧带将它向后拉回骨盆腔内。

给牛进行直肠检查时，必须触诊子宫的各个部分，注意其大小有无变化。在正常情况下，只在妊娠及产后期，子宫的大小和质地才发生明显的改变，否则为病理情况。在临床上具有诊断意义的子宫变化主要是子宫的大小及其收缩力发生改变。

牛的子宫为双分子宫。子宫角长30～40cm，基部直径1.5～3.0cm，左、右子宫角后部因有结缔组织相连，表面又被腹膜包裹，仅在背侧面以浅沟（角间沟）为界，所以称该部为子宫体。直肠检查时，二角分岔处的间歇和角间沟都可以摸清楚。子宫角的游离部分卷曲成螺旋形的绵羊角状，经产牛的则随胎次增多而伸展开来。子宫体仅长3～4cm。子宫的黏膜呈灰红或蓝红色，并有80～120个圆形隆起，称子宫阜，其深部含有丰富的血管。子宫阜长1.5cm，妊娠时显著增大，成为母体胎盘，除与子宫壁相连之处，表面均呈海绵状，胎儿绒毛子叶（胎儿胎盘）上的绒毛嵌入其中，一同形成许多胎盘块。

妊娠后，子宫逐渐增大，而在产后期，子宫则从分娩时的大小逐渐恢复到正常未孕的状态。一般来说，产后3~4d，子宫即明显开始复旧，子宫角缩小比子宫颈快，产后2周内虽然子宫角的长度变短，但其壁仍然较厚。子宫颈的复旧更为缓慢，全部完成需3周左右。

发情前1~2d，子宫肌层的张力及敏感性逐渐增加，当母牛接受爬跨时达到高峰，此时子宫角紧缩卷曲，壁变厚，用手刺激时变化更加明显，排卵后48h子宫肌层的敏感性消失。

在各种病理情况下，子宫可以发生明显的特定变化，其中有些变化虽然并不导致不育，但可降低受胎的机会。

4. 卵巢的检查　　检查完子宫后，手沿着子宫角向前移，在其尖端的外下方（有时在其下方或内下方）即可找到卵巢。可用食指与中指夹住卵巢系膜，以拇指指肚触诊它的形状、大小及质地。卵巢位置并不十分固定，有时寻找比较困难，遇到此情况可在子宫角尖端周围5~10cm范围内仔细寻找。检查完一侧卵巢后，再检查另一侧。在触摸过程中如失去子宫角不易摸到卵巢时，最好再从子宫颈开始沿着子宫角触摸卵巢，这可以避免引起误差；当检查者技术十分熟练，已有丰富的临诊经验时，也可直接去找所要触诊的器官。

在直肠检查时，尤其是重复检查时，为了准确记录卵巢的结构及其变化，可用下列符号详细记录卵巢各个表面的结构：AP表示前缘；PP表示后缘；MS表示中间面；LS表示外侧面；AB表示附着缘；FB表示游离缘。

正常情况下，奶牛卵巢的长度为3.5~4.5cm，宽为1.5~2.0cm，从附着缘到游离缘的高为2.0~2.5cm。如果子宫重量没有明显增加，则卵巢大多位于腹中线侧面10.0~12.5cm，骨盆腔前2~5cm，其位置比骨盆边缘略低。

在正常未孕的母牛，卵巢随着卵泡的发育和黄体的退化而出现周期性变化，如果患有某种疾病，则卵巢的周期性变化发生紊乱或完全停止。如果有卵泡发育，其主要特点是突起呈表面光滑的圆形，在发育的中期直径约1cm，在发育达到峰期时直径增大为2.0~2.5cm，触诊有波动感。由于卵泡腔中有液体积聚，因此其壁紧张，直到排卵前才变得较软。排卵后黄体发育，排卵后12~24h可以摸到排卵凹，其特点为卵巢上有一环状的柔软区，直径一般不超过1cm，有时略微突起。

排卵后5~7d，黄体迅速发育。排卵后2~3d，牛新发育的黄体（红体）中只积有少量血液。触诊时，其特征是卵巢的体积逐渐增大，至发育完全，黄体的直径达2.5~3.5cm时，卵巢的体积可增大一倍。卵巢上存在黄体时，其形状发生变化，黄体组织以不同的大小突出于卵巢表面形成冠状结构，如果整个黄体包埋在卵巢中间，卵巢形状的变化就不是很明显。黄体的表面形状及质地与卵巢不同，较硬，触诊有分叶状感觉，因此比较容易与卵巢本身区别。

随着发情周期的循环，卵巢发生明显的特定性变化，利用卵巢上卵泡或黄体的大小及质地变化可以推测母牛所处发情周期的大致阶段。发情周期不同阶段中的黄体变化见表3-1。

表 3-1　牛发情周期不同阶段黄体的变化

直肠检查特点	记录符号	发情周期阶段/d
排卵凹	OVD	1~2
发育黄体较软，直径不超过 1cm	CH1	2~3
发育黄体较软，直径 1~2cm	CH2	3~5
发育黄体较软，直径 2cm 以上	CH3	5~7
发育完全的黄体	CL3	8~17
黄体较硬，直径 1~2cm	CL2	18~20
黄体较硬，直径 1cm 以下	CL1	发情期到下次发情周期的中期

正常生理状态下牛的卵巢上存在直径小于 1cm 的卵泡，这些卵泡对判断发情周期的阶段无明显意义，在排卵后 16~17d，母牛表现发情高峰时卵泡的体积达到最大。

此外，在发情周期的各个阶段，子宫有明显的变化（表 3-2）。牛的发情周期以 21d 计算，根据检查卵巢和子宫的结果可推算出距下次发情的天数。通常在发情前期及周期的前 6~9d 估算出的时间比较准确。牛临床检查卵巢和子宫的结果与对应的预测发情时间见表 3-3。

表 3-2　牛发情周期中卵巢、子宫及行为的变化

发情周期阶段/d	直肠检查临床特点 卵巢	直肠检查临床特点 子宫	外部症状
1~4	有新黄体形成，第 4 天时直径可达 15mm，旧黄体直径小于 6mm，硬而纤维化	发情后子宫内膜持续肿胀 2~3d	发情后 1d 有少量的分泌物和轻微的发情症状，发情后 2d 出现发情后出血
5~15	第 8 天时黄体直径 18~20mm，第 10 天为 20~30mm	子宫松软	前庭黏膜轻度充血
16~18	黄体直径 20~25mm，卵泡直径 8~10mm	子宫张力略有增加	无发情症状
19~20	黄体直径 10~15mm，卵泡直径 12~15mm	子宫有张力，刺激后反应不规律	表现发情前期症状，阴门略微肿大，前庭稍红，阴道有分泌物
21	黄体直径小于 10mm，卵泡直径 20~22mm，软而光滑，排卵，后形成排卵凹	子宫肌层活动增加，子宫内膜充血，子宫张力明显增加	阴门肿胀，前庭很红，阴道有大量分泌物

表 3-3　牛临床检查结果与对应的预测发情时间

卵巢及子宫变化	对应发情周期阶段/d	距下次发情的天数/d
F，CL1，UT	20~21（发情）	0
OVD，CL1，UT	0	18~21
CH1，S，UN	1~3	19~20
CH2，S，UN	3~5	15~18
CH3，S，UN	5~7	13~17
CL3，F，UT	7~17	6~11
CL2，F，UT	17~19	1~4
CL1，F，UT	20~21	0~1

注：F. 卵泡；UT. 子宫肿胀；UN. 子宫正常；S. 静止

5. 输卵管及卵巢囊的检查 牛的输卵管长 20～30cm，弯曲度中等；输卵管漏斗大，可将整个卵巢包裹；末端与子宫角连接部无明显分界。输卵管的质地较坚硬，由输卵管系膜固定。卵巢囊深 4～6cm。

检查卵巢囊时，先找到卵巢附着缘侧面或正中的卵巢系膜，然后将所有手指弯曲，下滑即进入卵巢囊，然后缓慢伸开手指，扩张卵巢囊，检查其质地及大小是否正常。检查完卵巢囊后可以比较容易地感觉到输卵管，可先从输卵管伞开始检查，逐渐检查到子宫端。

第二节 奶牛的发情鉴定技术

通过发情鉴定，首先可以判定母牛的发情程度，以便及时进行人工授精，提高受胎率；其次可以判断母牛的发情是否正常，如果发现异常，可以及时采取解决措施；最后，实施发情鉴定对妊娠诊断也有一定参考作用。因此，发情鉴定是奶牛繁殖和临床实践的重要技术环节。

目前奶牛人工授精中最大的问题仍然是发情鉴定，而且目前采用的发情鉴定方法仍然是近一个世纪来改进不大的观察法。一定规模的养殖场越来越多，但管理人员很少具有观察发情的经验，对牛的行为也不熟悉。

一、发情鉴定不准确的原因

造成发情鉴定不准确的原因很多，概括起来有以下几点。

1. 不认识发情症状 各种动物发情时都有特征性的表现，如牛在发情时最典型的表现是兴奋不安，其他牛接近时站立不动，等待爬跨，或者爬跨其他牛。对这些特点如不了解，就会造成漏检或漏配。

2. 牛群的规模和结构不利于观察 在现代化的奶牛场，牛群规模越来越大，管理人员对每头牛观察发情的时间势必相对减少，因此会影响发情鉴定的效率及准确性。另外，现今奶牛场普遍施行人工授精，场内不再饲养公牛，增加了观察识别发情母牛的难度。

3. 发情期短暂 牛的发情期平均为 15h，有 20%的牛甚至不到 6h，而且多数是在晚上表现爬跨行为，稍有疏忽就会造成遗漏，使得发情鉴定的准确率下降。

4. 畜舍条件差 畜舍面积太小，地面光滑，牛群过于拥挤，会妨碍发情母牛的活动和爬跨，使其发情行为不能充分表现而被漏检。

二、常用于牛的发情鉴定方法

母牛的发情表现是由生殖激素的调节作用，引起其生殖器官和性行为等发生的明显变化。这种变化包括外部变化和内部变化，外部变化为可观察到的体外表现，而内部变化则主要为生殖器官的变化，其中以卵泡的生长发育及成熟为主。因此进行发情鉴定时，既要观察母牛的外在发情表现，更要掌握卵泡发育状况的内在本质特征，同时也应考虑影响发情的各种因素，加以综合的科学分析，作出较为准确的判断，最后确定适宜的配种时间。

牛的发情期较短，外部表现比较明显，因此母牛的发情鉴定最常用的方法是外部观察法，其他方法有直肠检查法和激素测定法等。

1. 外部观察法 牛在放牧场或运动场中较易发现发情症状，也可在牛舍里查看。主要应着眼于母牛爬跨或接受爬跨的状况，进行详细观察去寻找发情牛。

饲养奶牛时每天应有足够的时间对其进行发情鉴定观察，每次观察的时间不应短于 20min，而且需要每天至少观察 2 次。需要注意的是傍晚时许多牛可能才表现发情症状，此时牛都比较自由，不再受到挤奶、饲养员等的干扰，因此更能自由爬跨。

发情盛期时，母牛食欲明显减退，甚至拒食，更加兴奋不安，常常大声哞叫，四处走动，经常爬跨其他母牛，并愿意接受试情公牛或母牛的爬跨。用手压牛背部十字架处，表现凹腰和高举尾根，向上抬举牛尾不觉费力，外阴部肿胀明显，流出黏液。

发情末期，母牛兴奋性减弱，哞叫减少，虽仍有公牛跟逐，但已不大愿意接受爬跨并表示躲避而不远离，外阴部肿胀减退。

发情末期后转入发情后期，此时母牛兴奋性明显减弱，稍有食欲，试情公牛基本上不再尾随和爬跨母牛，母牛也避而远之，在此后，逐渐恢复正常，进入休情期。

采用每天至少观察 2 次的发情鉴定方法相对检出率较高，如果每天在 7:00、15:00、23:00 分 3 次观察发情，每次 1h，则发情鉴定率为 90%。许多研究表明，奶牛在晚上开始发情的更多，晚上爬跨的也比白天多。

即使正常的奶牛，在一定的气候条件下或受其他牛的影响，特别是周围没有其他牛发情时，其可能不表现明显的发情行为。接近发情或正在发情的牛爬跨发情牛的频率要比发情快结束或者处于黄体期的牛高得多。从生产实践的角度考虑，重要的是应将表现发情周期的牛同组饲养，而且能够保证同组中每天至少有 2 头牛发情或接近发情。如果组群太小，则可以采用同期发情技术诱导几头牛同时发情，以便能更加准确地进行发情鉴定。地面的状况（水泥地面或土地）也可以明显影响发情期的长短和发情行为。发情的荷斯坦母牛的爬跨活动在土地上比在水泥地面上高 3~15 倍。

当公牛或其他母牛爬跨或试图爬跨时，或者用手按压时，发情母牛站立不动，并常试图爬跨或者爬跨其他母牛，被爬跨者如果不是在发情，则常常走开。有时母牛会从头部爬跨，在这种情况下，爬跨者是发情母牛而被爬跨者则不是。母牛在发情前 4d 就可以引起公牛的兴趣。如果没有身体上的接触，公牛通常采用视觉来判断雌性的同性性行为，以其作为母牛发情的指征；而嗅觉则不能单独对公牛产生足够的刺激来使其区别发情和未发情动物。

发情母牛可以表现出多种现象，如阴门中排出清亮的黏液、举尾摇尾、与其他牛摩擦、阴门肿大潮红、表现不安等。其在发情周期各阶段的主要特点如下。

1）发情前 6~10h：嗅闻其他母牛；试图爬跨其他牛；阴门潮湿，轻度红肿。

2）站立发情时（18h）：站立等待爬跨；常常哞叫；紧张兴奋；爬跨其他牛；食欲降低，产奶减少；阴门潮湿红肿，黏液清亮；瞳孔扩大。

3）发情后（10h）：不愿意站立；阴门有清亮黏液；卵子寿命 6~10h。发情后期出血并非总是出现，可能只在发情期出现出血；不能说明已经妊娠或者不能妊娠。

环境因素对发情和爬跨行为也有明显影响。母牛在凉爽的天气比炎热的天气爬跨活动更多；但天气炎热时，母牛表现为摩擦及口舔行为比天气凉爽时多。泌乳荷斯坦牛和娟姗牛每次发情时平均爬跨14.1次,每次持续2s。

2. 发情爬跨监测 发情爬跨监测主要用来标记被爬跨的牛,牛群应该至少每天观察1次,检查是否有已经爬跨的牛。采用这种方法的错误率一般可达10%~20%,因此必须要和其他方法结合使用。

3. 试情法 此法是根据母牛在接近公牛时的亲疏行为表现,判断其发情程度,主要用于黄牛和水牛的发情鉴定。发情时,母牛通常表现为愿意接近公牛,弓腰举尾,后肢开张,频频排尿,有求配动作等;而不发情或发情结束后则表现为远离公牛,强行牵拉接近时,往往会出现躲避和抗拒行为。

试情公牛一般应选用体质健壮、性欲旺盛、无恶癖的非种用公牛。可采用输精管结扎、带试情兜布等方法来处理公牛,以防止交配。

4. 阴道检查法 应用阴道开腔器(开张器)打开母牛阴道,观察其阴道黏膜的色泽和充血程度;子宫颈的弛缓状态;子宫颈外口开口的大小;黏液的颜色、分泌量及黏稠度等,以判断母牛的发情程度。检查时,器械要灭菌消毒,插入时要小心谨慎,以免损伤阴道壁。

发情初期,阴道黏膜潮红肿胀,子宫颈口微开,有大量透明黏液排出。

发情盛期,阴道黏膜紫红、肿胀增强,子宫颈潮红、肿胀明显、开口较大,由阴道流出透明黏液,黏液牵缕性强。此期的母牛可实施配种,如进行人工授精,时间可稍推后。发情时,阴道壁的颜色由粉红色逐渐变为潮红色,再变为紫红色,当阴道壁的颜色由紫红色经过潮红色变成粉红色时,应是人工授精的最佳时期。

发情末期,阴道及子宫颈的肿胀稍减退,排出的黏液由透明变为稍有乳白色的浑浊状态,黏液性减退,牵拉如丝状。

发情后期,阴道肿胀消显,其黏液量少而黏稠,有个别牛的黏液中混有血液。

5. 直肠检查法 直肠检查法可判明卵泡发育的具体程度及排卵时间,技术熟练时可根据检查结果一次输精配种。直肠检查法尤其适用于发情异常、不易观察的母牛,以及一些卵泡发育与排卵过快或过缓的母牛和妊娠期发情的母牛等。总之,利用直肠检查法判定发情有利于防止漏配或误配,减少输精次数和提高受胎率。

操作方法:先将母牛妥善保定,操作者剪短并磨平指甲,戴上长臂塑料手套,手套外表涂以少量润滑剂。手指并拢呈锥状伸入肛门并缓慢进入直肠,排空宿粪,手伸入骨盆腔内时展平手掌,掌心向下,手指轻轻左右抚摸,可摸到坚硬的子宫颈,再沿子宫颈向前移动,便可摸到较软的子宫体、子宫角及角间沟。再向前伸至角间沟分叉处时,手移至一侧子宫角,沿子宫角大弯至子宫角尖端外侧,即可触摸到卵巢,此时以指肚轻稳细致地触摸卵巢的大小、形状、质地及卵泡的大小、形状、弹性和卵泡壁厚薄等发育状况。一侧卵巢摸完后,以同样的手法将手移至另一侧卵巢上,触摸其各种性状。

6. 激素测定法 这种方法是应用激素测定技术(放射免疫测定法、酶联免疫吸附测定法等),通过对母牛体液(血浆、血清、乳汁、尿液等)中生殖激素(卵泡刺激素、黄体生成素、雌激素、孕激素)水平进行测定,依据发情周期中生殖激素的变化规律来判定母牛的发情程度。例如,采用放射免疫测定法测定母牛血液中孕酮的含量(0.12~0.48μg/mL),并依据此结果输精,发情期受胎率可达51%。但本法所需仪器和药品制剂较贵，并且测定时间较长，较难在现场推广应用。

可以通过测定孕酮的含量变化来判断将要输精的牛是否处于发情阶段。在测定到孕酮浓度降低之后进行输精，即使在没有观察到发情的情况下也可以取得较高的受胎率。当然这种方法的前提是在现场要有快速、简单的测定方法。对被检测牛每周采样3次。如果在上次发情之后每天采样，则可以采用定时输精技术。

7. 离子选择性电极法 离子选择性电极通过测定特制的电极敏感膜对溶液中特定离子浓度变化产生的电极电位变化反映离子浓度的变化过程。在母牛发情周期中，生殖道黏液中的无机盐浓度，特别是NaCl浓度有明显变化，这种变化可用离子选择性电极测出的电位变化反映出来，从而判断发情阶段。

8. 仿生学法 该法是模拟公牛的声音（放录音）和气味（天然或人工合成的气雾制剂）刺激母牛的听觉和嗅觉器官，观察其受到刺激后的反应状况，判断母牛是否发情。例如，用录音带记录公牛叫声，在放牧场播放，可诱使发情母牛自己跑到配种室来。

9. 子宫颈黏液结晶法 母牛子宫颈黏液中所含的各种成分，如水、糖、蛋白质、盐类等，会发生有规律的变化。其中不同含量的盐类可呈现出形态不同的结晶，根据子宫颈黏液的结晶形态可进行发情鉴定。操作时，先用灭菌长柄钳伸入阴道，蘸取子宫颈黏液，再把取出的黏液抹片，自然干燥后在显微镜下观察其结晶花纹。在发情盛期，黏液一般呈现羊齿状结晶，花纹较典型，排列整齐，并且保持时间持久，常达数小时以上，其他杂质（如上皮细胞、白细胞等）很少。发情末期黏液结晶结构简单，且保持时间也较短，白细胞较多。

有少数个体牛虽处于发情盛期，但子宫颈黏液抹片不出现结晶花纹，即使能清楚观察到结晶花纹，也很难判定母牛的排卵时间和确定适宜的配种时间。因此，这种方法仅可作为一种辅助性的发情鉴定方法。

10. 子宫颈黏液透析法 此法以精子是否易于穿透子宫颈黏液为标准，用于测定输精适期。牛为阴道内授精型动物，因此子宫颈黏液是否易于被精子通过对受精的影响极大。精子通过黏液的程度取决于黏液本身的化学成分和渗透性等物理性质。具体方法是取米粒大小黏液一滴，放于载玻片上，取一个盖玻片，在3个边缘涂抹凡士林，将黏液压在中间。另取适量精液，在未抹凡士林的一边注入精液，在37℃温度下经5~10min后在显微镜下观察，如果大多数精子穿透黏液，且活动良好，则为发情盛期，适于输精。

11. pH测定法 这是测定生殖道黏液pH以鉴别发情周期的方法。母牛发情周期中黏液的pH呈现一定的变化，在发情盛期为中性或偏碱性，黄体期偏酸性。母牛子宫颈黏液pH一般在6.0~7.8，而在6.6~8.0时输精的受胎率最高。测定生殖道黏液不能明显区别发情周期的各时期，但是在一定的pH范围内输精的受胎率较高，因此，在发情周期正常的情况下，出现发情表现时再测定pH有参考价值。

12. 电阻测定法 母牛在发情时阴道黏液的电阻会发生变化，因此可采用适宜的探针对这种变化进行测定而鉴定发情，人们据此研制了一种发情测定仪，可通过仪表直接读出电阻变化值，母牛发情期的电阻较低（164~472Ω），平均为303Ω，而其他阶段为362~604Ω，平均为454Ω。一般电阻值≥250Ω时配种，受胎率较高。

阴道电阻在发情周期的各阶段都不相同，发情时其数值最低。出现这种变化可能主要与阴道黏液的水解增加有关,此外,糖蛋白的类型或者数量及电解质的变化也可能起一定作用。

阴道探针测定电阻时,阴道的不同部位电阻值不同,因此可能影响其用于发情鉴定的准确率。

阴道电阻值的变化与排卵前黄体生成素(LH)峰值有一定关系,该峰值出现在排卵前 24h,测定阴道电阻值的变化可以准确地预测 LH 峰值的时间,因此可以判断牛的输精时间。

阴道探针的主要缺点是需要间隔 12h 测定,以便能准确地测定到最低的电阻值,而且只能依据其相对变化来判断母牛是否发情。可利用阴道内探针,将导线连接到计算机上来直接记录数据。

13. 颜色标记法 颜色标记法是以发情母牛接受公牛或其他母牛爬跨为依据,在母牛尾根上贴附一个盛有颜料的塑料薄胶囊。当被爬跨时,胶囊受压破裂、流出颜料,在母牛背部留下明显标记,有人将标记器安装在试情公牛的胸部,同样可使接受爬跨的母牛身上留下标记。此外,还有人用粉笔涂擦在母牛的尾根上,如母牛发情时,则因公牛(或其他母牛)爬跨在其上而将粉笔字迹擦掉。用这种方法鉴定发情,其准确率可以达到 99%。但采用这一方法时应该注意,颜色的消失并不意味着该牛已经被其他牛爬跨。

14. 记步器监测法 根据母牛在发情期活动频繁、追逐爬跨、行程增加的现象,将记录运步数的里程计固定于牛的系部,该记步器的数据每天都在电脑内以曲线的形式给出,如果发现曲线升高,说明牛走动增多,可能为发情。发情母牛的活动里程要比不发情母牛多 2.5~4.0 倍。因此在散养条件下,用记步器监测牛的行走情况,并结合外部表现观察,可以发现绝大部分发情母牛。

15. 奶产量及体温变化测定法 实践经验表明,发情的牛可能不大愿意进入挤奶棚,而且进入后也通常表现不安,挤奶量会减少,如果一头牛其产奶量是正常情况下的 75%,则其至少有 50%的可能是在发情。

体温检测单用或与其他方法合用也可以用来进行牛的发情鉴定,牛在发情时其阴道温度升高。也有人发现可以根据排卵前阴道温度的升高预测 LH 峰值。也可以采用无线电遥测器来测定阴道温度的变化。但是许多研究也发现采用这种方法的发情鉴定准确率很少超过 80%,10%~20%非发情牛用这种方法常常诊断为发情,因此假阳性率较高,对个体的发情鉴定不太准确。

16. 闭路电视观察法 闭路电视系统可以用来检测牛在发情时的行为活动,同时也可对全天的活动情况进行检测。采用此法检测时,可以分段监测,但这种方法不适于放牧牛。

三、发情鉴定方法准确率及效率的评价

准确地鉴定发情,对奶牛的繁殖效能和经济效益具有十分深远的影响。发情鉴定的准确率通常是指在给定时间内观察到群体内发情期个数的比例。发情鉴定的准确性指检测到的发情动物既有发情表现又处在发情期的比例;在统计学上,准确性也叫准确度,指在试验或调查中某一试验指标或性状的观测值与其真值的接近程度。发情鉴定不准确

常常导致牛在错误的时间输精,因此使得受胎率降低。发情鉴定的效率是指在一定时间内检查到群体内有发情周期个数的比例。观察法鉴定的发情是否准确,可以通过直检子宫张力的变化和卵巢上是否有成熟卵泡来判断。

1. 发情鉴定准确率的评价 孕酮分析研究表明,5%～15%的奶牛是在没有发情或接近发情的错误时间输精的。孕酮分析是评价发情鉴定准确率的一种可靠方法,就某一养殖场输精效果进行评价时,可在输精当天输精之后马上采集15～20头奶牛的奶样,将测定结果与标准孕酮样品进行比较,输精当天的孕酮含量应该低。如果5%以上的样品孕酮浓度高,则表明发情鉴定的准确率太低,如果孕酮浓度低,则说明牛是发情的或者接近发情,但孕酮浓度不能用于预测输精的时间。

2. 发情鉴定效率的评价 在生产实践中,常因为某种特殊需要而需定期性比较发情鉴定效率,因此需要建立完整的发情鉴定记录,包括发情、配种及相关临床检查结果等,以计算发情鉴定效率。应该注意的是,发情鉴定的准确率和发情鉴定的效率是两个不同的指标。发情鉴定不准确可导致牛在错误的时间输精,而发情鉴定效率低下则意味着许多发情的牛没有被观察到。如果牛群的繁殖管理措施不当,则有可能既造成发情鉴定不准确,又进一步造成发情鉴定效率低下。

(1) 发情鉴定错误的牛群的主要特点 发情间隔时间在3～17d的牛超过10%;间隔时间在25～35d的超过10%～15%;在1～3d内连续输精的牛超过5%;有些牛诊断为妊娠的时间早于最后一次记录的配种时间;有些牛产犊的时间比预计正常产犊的时间早3～6周。

(2) 未观察到发情的牛群的主要特点 第一次配种前只观察和记录到了极少的发情;如果产后第一次配种的平均时间为60d,则产后第一次配种的时间超过80d;配种之间的间隔时间超过30d;发情间隔时间为38～45d及55～65d的牛超过15%。

(3) 发情鉴定的指标 产后60d前鉴定到发情的牛超过85%;产后第一次配种的时间为75d;60%以上的发情间隔时间为18～24d;发情间隔时间为18～24d和36～48d的比例超过4∶1;能检查到70%以上的发情。

(4) 发情鉴定效率的计算 用来表示发情鉴定效率的方法很多,多以已经鉴定到发情的牛占真正发情的牛的百分比表示,其可以估计发情鉴定的强度,但与准确率无关。计算这些参数时,应该充分考虑使用前列腺素诱导发情的频率以及由此引起的发情间隔时间的缩短。

1) 鉴定到可能发情的百分比:常用于评价牛的发情鉴定效率。计算公式为

$$发情鉴定效率 = \frac{观察到的总发情数量}{同期母牛总数/21} \times 100\%$$

例如,一群40头的牛在24天内观察记录到20次发情,则发情鉴定效率为

$$\frac{20}{(40 \times 24)/21} \times 100\% = 43.7\%$$

2) 鉴定到可配种发情的百分比:自愿等待期(VMP)是指牛从产犊到应该配种的时间,而可配种发情是指自愿等待期后任何特定时间内的发情。可配种发情数可用下列公式计算:

$$可配种发情数 = \frac{平均空怀天数 - (VMP + 10)}{21} + 1$$

如果 VWP 为 50d，超过 50d 后第一次鉴定到的可配种发情平均为产后 60d（10d 为正常发情期的 1/2），鉴定到可配种发情的百分比可用下列公式计算：

$$鉴定到可配种发情的百分比 = \frac{鉴定到的发情数 / 牛数}{可配种牛数} \times 100\%$$

应该记录所有观察到的发情数，这样该参数才能准确，该参数不受受胎率或人为决定延迟配种的影响。

3）发情鉴定指数：该指数用于衡量发情鉴定的效率，可用几种方法计算。

A．发情间隔计算法：所有适配牛正常发情周期长度除以连续两次配种或发情之间的平均间隔，即

$$发情鉴定指数 = \frac{21 \times (正常发情周期长度)}{发情平均间隔} \times 100\%$$

B．配种间隔（BI）计算法：该参数是衡量第一次配种之后发情鉴定效率的最好指标。

a．以妊娠牛数计算配种间隔：以从产犊到第一次配种的间隔时间计算配种间隔，则

$$BI = \frac{妊娠牛平均空怀天数 - 从产犊到第一次配种的天数}{每受胎配种次数 - 1}$$

以 VWP 计算配种间隔，则

$$BI = \frac{妊娠牛平均空怀天数 - (VWP + 10)}{每受胎配种次数 - 1}$$

b．配种的所有牛数（每牛的配种次数）：每牛的配种次数包括妊娠牛配种的平均次数、用来诊断妊娠但检查为空怀的牛数、第一次配种后至少经过 45d 再次配种但尚未进行妊娠诊断的牛数。

以从产犊到第一次配种的天数计算配种间隔，则

$$BI = \frac{所有配种牛的平均空怀天数 - 从产犊到第一次配种的天数}{每牛的配种次数 - 1}$$

例如，空怀天数为 126，产犊到第一次配种的天数为 85，每牛的配种次数为 2，则

$$BI = (126 - 85) / (2 - 1) = 41$$

以 VWP 计算配种间隔，则

$$BI = \frac{所有配种牛的平均空怀天数 - (VMP + 10)}{每牛配种次数 - 1}$$

第三节　妊娠的超声诊断

一、超声诊断的原理

超声（ultrasound）是每秒钟振动频率在 20 000Hz 以上超过人耳听阈范围的一种声波。它有定向传播和产生界面反射的特性。利用这些特性，兽医临床经常有以下几种超

声仪。

1. A型超声仪 A型（amplitude mode）超声仪属幅度调制型，简称A型（A-mode）。它将超声回声信号以波的形式显示出来。纵坐标代表回声信号的强弱，横坐标代表回声信号的传播时间（距离或深度），回声信号强，波幅就高；回声信号弱，波幅就低；没有回声则出现平段。平段可分为液性平段和实性平段。液体为均匀介质，对超声不产生反射，这种平段称液性平段。实质脏器和肌肉也是均匀的介质，对超声也不产生反射，但仪器加大增益后，其中的组织结构会产生小的反射波幅，此平段称为实性平段。以波幅构成的图像称回声图，是超声诊断的基础。

妊娠子宫典型的回声图为进子宫波-胎水平段-出子宫波。如果扫查到胎体，则在胎水平段中出现胎体反射波（呈矮丛状），如果同时扫查到了胎儿搏动，则在胎体反射波中出现规律闪烁的小波，未孕子宫没有胎水平段。

2. D型超声仪 D型超声仪即多普勒仪，简称D型（D-mode），是应用多普勒效应原理设计而成的，当探头和反射界面之间有相对运动时，反射信号的频率发生变化，即多普勒频移。用检波器将此频移检出，并加以处理，即可获得多普勒信号音。D型主要用于检测体内运动脏器的活动，如心血管活动、胎心和脐带搏动、胎动及胃肠蠕动等。据此可以诊断动物妊娠、未孕、子宫积液、子宫积脓等生理或病理现象。与妊娠有关的多普勒信号音有以下几种。

（1）子宫动脉血流音（宫血音） 随妊娠期增长，子宫血流增加，由低频音变为高频音。根据音频高低不同可分为呼呼声（＋）、阿呼声（＋＋）、蝉鸣声（＋＋＋）和机枪扫射声（＋＋＋＋）。宫血音频率与母体心率相同。

（2）胎儿心搏音 胎儿心脏搏动和血流的声音，简称胎心音，为高频，频率较母体的心率快，频率变化与妊娠期长短呈负相关，是监测胎儿存活和预测胎儿数的主要依据，也可预测妊娠期。

（3）脐带血流音 胎儿脐带动脉搏动和血流的声音，简称脐带音（UMS）或胎血音（FAS），为高频音，频率与胎儿心率相同。

（4）胎儿活动音 胎体和胎儿四肢活动的声音，简称胎动音，为高频音，如击水声。

（5）胎盘血流音 胎盘血窦中血液回流的声音，简称胎盘音，为低频音，如大风呼啸，为盘状胎盘动物妊娠时所特有。在妊娠犬体内（带状胎盘）也可以探到。

3. B型超声仪 B型（brightness mode）超声仪属辉度调制型，简称B型（B-mode）或B超，将回声信号以光点明暗，即灰阶（gray scale）形式显示出来。回声信号强，光点就亮；回声信号弱，光点就暗；没有回声信号，则出现暗区。回声信号由点、线、面构成被探查部位的二维断层图像或切面图像。此法成像速度有快有慢，快速成像即能立刻显示被查脏器的活动状态，称为实时（real time）显像，现在临床上广泛使用这种方法。B超具有操作简便、使用安全、诊断迅速、符合率高等优点。

二、不同动物的妊娠超声诊断

1. 猪妊娠的超声诊断 超声探测时，母猪侧卧或站立保定。探测部位在倒数第一对乳房后上方或倒数第二对乳房的上方。在探测部位或探头上涂以耦合剂后，将探头紧贴皮肤，方向朝着骨盆腔入口，从上到下，从后向前成扇形缓慢探查。家畜体表被毛较多时，不宜将探头在皮肤上滑动探查，以免损坏探头上的晶片覆盖膜。在一个点上探不出反应，可将探头提起（离开皮肤）向前移动5cm左右，再按上法探查。

（1）D型探查　　妊娠早期由于胎儿心脏太小，一般只能探测到胎血音，至妊娠22～25d有时能探测到胎心音（几秒钟）。胎心音和胎血音都比母体血管音快，每分钟约200次，容易辨别。妊娠至50d以上时，还可探到似犬吠的胎动音；子宫的动脉音极似蝉鸣，静脉音则如连续的吹风音。探查时，必须细心，转换方向尤应缓慢，否则不易探到。未孕母猪探不到上述各种声音。

（2）A型探查　　采用A型探查妊娠母猪可在屏幕上看到各种妊娠波形，包括进子宫波、胎水平段、出子宫波；有时在胎水平段中尚可看到胎体反射波，甚至看到胎心搏动波。未孕母猪则探测不到上述波形。

采用妊娠报警仪探查时，当超声束射到胎囊时，即发出连续的报警声响（阳性信号），因而可诊断为妊娠。但是，应用这种报警仪探查到充尿的膀胱也会发出同样的声响，因此为防止误诊，探查前应让母猪排空膀胱中的积尿。探查未孕母猪只会听到间隔很长的单一声响（阴性信号）。

（3）B超探查　　最早在配种后15～20d可在子宫断面探到一个或数个不规则的圆形暗区——孕囊，直径在10mm以上，从21d起暗区数增加，直径扩展，并可在暗区内检测到胎体和胎儿搏动。

2. 母羊妊娠的超声诊断　　母羊侧卧保定，如站立探查必须将一后肢提起保定。探测部位为乳房两侧或其前方，亦可在左右乳区中间的少毛区域探测。探头紧贴腹壁朝向盆腔入口放置，使其波束呈扇形扫射，种羊妊娠诊断用A型、D型及报警仪都可探测，一般在配种后30d左右即可得到阳性声响或波形信号。

采用D型尚可根据出现不同心率的胎心音而测出双胎或多胎。

采用B超进行早孕诊断时多采用5.0MHz或7.5MHz探头在直肠内检查，在配种后7～19d子宫内出现暗区——孕囊，直径在10mm左右，位于膀胱前下方，随后探到暗区数增加，呈各种不规则的圆形或长条形（矢状切面），直径扩展。最早可在配种后18～19d探到胚斑，而后1～2d即可观察到胎心搏动。妊娠天数越多及探头频率越高，经直肠进行早孕诊断的准确率越高。

3. 母牛妊娠的超声诊断　　探查时，母牛站立保定，并将尾系于一侧。在阴道内探测，尚需将阴门、会阴区域及探头消毒。

采用A型检查时将探头缓缓送入直肠50cm左右深处，将探头晶片向下，并前后移动向左右探查，观察屏幕上出现的波形。探查到子宫后，测量进、出子宫波之间的距离和有无液性平段出现，判断是否妊娠。

采用D型在阴道内探查，探到子宫血流音及胎血音（啊呼声和蝉鸣声）即为妊娠；如为呼呼的吹风声则为未孕。有时尚可探测到频率较快的胎血音；在妊娠3个月以上的母牛，还可探测到子宫中动脉颤动音（连续的枪击音）。D型与A型一样，也可用于直肠内探查。采用报警仪探查时将探头缓缓送入阴道，在阴道穹隆两侧来回移动探测，根据出现的音响性质判断是否妊娠。

采用 B 超检查时，将 5.0MHz 或 7.5MHz 的探头放入直肠内，根据探头频率的高低不同最早探测到孕囊的时间不同。用 5.0MHz 探头在配种后 12～14d 可探测到孕囊，用 7.5MHz 探头在配种后 9d 可探到孕囊；13d 后可探测到孕体；22d 后可观察到胎心搏动；28d 后在子宫内出现细的反射不严重的弧形光条，为羊膜；33d 后在子宫壁上可观察到半圆形的突起，为胎盘突；42d 后可观察到胎动。

4. 犬妊娠的超声诊断　用 A 型检查时从腹壁检查，最适期为配种后 32～62d，诊断妊娠准确率为 90%，未妊娠为 83%。

用 D 型检查时也从腹壁探查，最早在配种后 19d、25d 和 29～30d 可先后探查到宫血音、胎盘音和胎儿音。配种后 30～34d 和 35d 以上都能依据探到胎心音来判断妊娠，准确率 100%。

采用 B 超时，须用 3.5MHz 扇扫探头从腹壁探查。最早可在配种后 20d 探到直径 2cm 的孕囊（暗区），23～25d 可观察到胚体，呈椭圆形，大小约 3.0mm×2.0mm，同时可观察到胎心搏动。因此在配种后 23～25d 即可根据检查到的孕囊、胎心搏动而确定妊娠。据报道，配种后 20～49d，诊断妊娠和未妊娠的准确率分别为 92.9% 和 96.0%。

第四节　牛的妊娠诊断

妊娠诊断的目的是掌握动物配种之后妊娠与否、妊娠月份及与妊娠有关的其他情况。妊娠过程中，母畜的生殖器官、全身新陈代谢和内分泌系统都发生变化，而且这些变化在妊娠的各个阶段具有不同的特点。这些特点是判断母畜是否妊娠及妊娠月份的依据。

妊娠诊断确诊越早越有意义。目前虽然已有不少的方法可用来诊断早期妊娠，但由于所需仪器设备价格昂贵、操作程序繁杂，以及需要实验动物或假阳性率太高，实用价值不大，难以在实践中推广应用。而直检进行妊娠诊断仍是目前生产中常采用的准确而直观的妊娠诊断方法。

一、临床检查

1. 问诊　通过临床上常用的问诊、视诊和触诊可以大致判断家畜是否妊娠及妊娠月份。根据具体情况，可选择性地询问以下内容。

1）配种日期和配种次数：何时开始发情，何时配种，人工授精或是本交，以往妊娠配种次数，本次配种次数，最后一次配种的时间。

2）最后一次配种后是否再发情：如果未发情，可能已经妊娠，因为妊娠最早的症状是发情停止。

3）配种以后，母畜食欲是否增进：通常母畜妊娠后食欲增加，营养状况也因此得到改善。

2. 视诊　在问诊的基础上，对被检母牛进行观察，注意体态及胎动等变化。

（1）外表观察　牛妊娠至后期，腹部两侧大小不对称，孕侧下垂突出，腹肋部凹陷。

（2）阴道视诊　主要检查阴道黏膜色泽、黏液性状和子宫颈形状及其黏液的变化。这种方法只能作为妊娠诊断的辅助方法。

牛子宫颈口黏液无特征性变化，子宫颈的松紧变化亦不明显，但其黏液量却比未妊娠时显著增多。妊娠1.5~2个月时，子宫颈口及其附近即有黏稠的黏液，但量尚少；3~4个月时开始明显增多，并变得黏稠，如同稀糊，呈灰白色或灰黄色；6个月后变为稀薄而透明，有时可排出于阴门外，黏附于阴门及尾上。

3. 听诊　　隔着母体腹壁听取胎儿心音，听诊部位同外部触诊部位基本一样。妊娠6~7个月至妊娠结束期间都可以听诊胎儿心脏，在胎儿胸壁靠近母体腹壁时才能听到心音，胎儿心音的频率为100次/min以上，超过母体心音数。但在腹壁厚和内脏膨大的家畜，很难找到一个理想的听诊区，目前大多采用D型和胎儿心电图来检查胎儿心脏状况，特别是用此来判断双胎或胎儿干尸化。

4. 触诊　　隔着母体腹壁触诊胎儿及胎动。凡触及胎儿者均可诊断为妊娠，但触不到胎儿时不能诊断为未孕。此法只能用于妊娠后期。

用弯曲的手指节或用拳在右侧膝关节皱褶的前方推动腹壁来感触胎儿的"浮动"。根据胎儿大小和母牛肥胖程度及其他一些情况，大约不到5%的乳牛妊娠5个月时就可感触到胎动，10%~50%于妊娠6个月，70%~80%于妊娠7个月，90%以上于妊娠9个月可感触到或看到胎动。由于牛腹壁松弛较易看到胎动，通常是在背中线右下腹壁出现周期性间歇性地膨出，在腹壁软组织上可感触到一个大的坚实的浮动物体撞击腹壁。接近分娩期或胎儿较大时，在右腹部更易看到胎动。

二、直肠检查

直肠检查是隔着直肠壁触诊母畜生殖器官的形态和位置变化诊断妊娠的一种方法，此法仍是目前牛的妊娠诊断既经济又可靠的一种方法。妊娠约20d就可作出初诊，40d即能确诊，并能大致确定妊娠时间，而且它还是诊断不孕症的一种重要检查方法。

检查项目主要包括卵巢上存在的黄体，子宫壁因胚泡扩张增大而膨胀凸出，随着胎儿增长和胎水增多，子宫逐渐扩张、拉长、增大，而且整个生殖道位置改变，子宫内形成子叶（胎盘），子宫动脉搏动发生特异的变化。妊娠后期还可触摸胎儿肢体等。

1. 探查生殖器官　　生殖器官一般位于骨盆腔或腹腔后方。妊娠时，子宫像盛有重物的袋囊，悬垂在骨盆前沿腹腔中。手指并拢起来触摸，可触到阔韧带，向下可探触到腹腔脏器及其内容物。若触到一个坚实的物体，可能就是胎儿，进一步触摸可感觉到覆盖有肌肉的骨骼，偶尔还能摸清头、背、臀部及四肢的轮廓。如果触摸不到物体，可将手尽量向前伸进一步寻找，手在骨盆前缘的前下方，轻轻地触压，如果触到一个有液体的囊状物，这就是早期妊娠子宫，此时应进一步查明"囊"的大小、位置、质地，有无胎儿，胎儿的大小和发育的大致阶段。慢慢移动手掌和用手指轻轻压迫，可感觉出子宫内液体的波动。突然且稍用力压迫，有时可感觉到子宫内似有一个漂浮在水中的"苹果"浮动，这可能为超过75日龄的胎儿。

若牛未妊娠，在骨盆腔底壁或前缘（经产牛）可触到未孕子宫，用手指可探查到两子宫角分叉处（角间沟），并可触诊每一子宫角的大小、形状和质地。若是查出骨盆腔中的任何一种结构物向前伸越过骨盆腔前缘，而且原有的形态发生了变化，则可能是妊娠不同阶段的子宫或子宫颈，在这种情况下应仔细检查其内容物。检查过程中，有时可发现子宫位于骨盆腔-腹腔的背面,或者在瘤胃之下的腹腔底部,这种情况可能为已经妊娠;胎儿较小时,子宫则呈悬垂状态,手臂长度不够,很难触及可以明显辨认的解剖结构。在胎儿的各种不同发育阶段,触诊时可遇到胎儿活动,妊娠6~7个月时,胎动更为频繁。

(1) 卵巢　主要检查卵巢上有无黄体等结构,以及卵巢在骨盆腔或腹腔内的位置。牛卵巢上的妊娠黄体可得到充分的发育,整个妊娠期都存在,由于触诊时它在形态上与间情期或其他黄体无明显区别,故对妊娠诊断无决定性意义。

卵巢位置可随妊娠的进展而发生变化,但是未妊娠牛的卵巢位置也并非固定不变。青年后备母牛和青年母牛的卵巢一般位于骨盆腔前部子宫角尖端附近的骨盆腔底部;经产牛的卵巢通常位于腹腔中,距骨盆腔前缘5~8cm处,触摸也较为困难。妊娠后,由于子宫重量增加,卵巢增大,子宫阔韧带扩张,卵巢则下沉到腹腔,而且随着妊娠月份增大,卵巢下沉的距离越来越大。妊娠5个月左右就下沉到腹底,少数母牛妊娠150d时还可触摸到两侧卵巢,这时必须要与胎盘进行鉴别。

(2) 子宫　子宫的大小对判断早期妊娠很有帮助。年轻或初产母牛子宫内容物的多少对早期诊断极为重要。一侧子宫角游离部分扩张,这时可能已经妊娠35d左右;若游离部分扩张宽度达到6.5cm(正常未妊娠牛为2~3cm),可能已经妊娠60d;达到7~10cm者,则已妊娠80d,此时孕角连接部比正常的稍大些,孕角亦较未孕角长。妊娠90d时,子宫角连接部紧张,子宫角扩张,孕角宽达9cm,未孕角约4.5cm。生殖器官位于骨盆的同一水平线上,手仍能越过紧张的子宫角伸向腹腔,手指触压紧张的子宫,可感触到悬浮在液体内的胎儿。妊娠4个月时,子宫下沉到骨盆前缘下方,难以确定子宫角扩张程度,液体下沉积聚于子宫角顶端,子宫颈位于骨盆腔中部的骨盆底。

如有两个孕体,而且每一侧子宫角各有一个孕体时,则两侧子宫角均扩张;除此之外,两侧子宫角大小不相同。一侧子宫角扩大是因为其中积聚有胎水,特别是尿囊液,触诊子宫角有波动感,并且紧张度增大,像一个注入液体的玩具气球。触摸子宫壁可清楚地感觉出孕角比未孕角薄。

(3) 胎儿　妊娠120~160d时,能触到胎儿的母牛不到50%,它位于骨盆腔前缘下方,有些牛开始检查时,可触到胎儿,以后因沉入子宫底部而难以触到。妊娠5.5~7.5个月时更难触到胎儿,在最佳情况下,也只能触到胎儿头部、四肢或蹄部。7.5个月以后,则又容易触到胎儿,但也有例外,腹部特别深而大的牛很难触到胎儿。对海福特牛逐日进行直检表明,直到妊娠末期都很难触到胎儿,很可能是该品种牛子宫肌层非常松弛,胎儿下沉到腹腔深部。在妊娠45~50d时,羊膜囊缩小,有可能直接触摸到小的正在发育的胎儿,但操作必须小心。

(4) 羊膜囊　术者将手置于子宫角分叉处,用拇指和中指夹住整个子宫的纵轴进行全面触摸,在妊娠第一个月末就能触摸到羊膜囊,感觉到羊膜囊似一个扩张的圆形膨胀物体,直径1~2cm,悬浮在尿囊液内,检查时不可直接按压羊膜囊,有可能引起羊膜囊破裂或使胎儿心脏受损,但可前后左右全面触摸。

(5) 尿囊绒毛膜　直肠触诊分辨出子宫分叉部以后,找到膨胀部位,将孕角夹在拇指与食指或中指间,从末端至分叉部进行全面触摸,判别子宫厚度,最后可感觉出结构非常精细的尿囊绒毛膜。在未将子宫和直肠壁握住之前,拇指和食指中间可感觉出它的滑动。妊娠早期把整个子宫角握住检查非常重要，因为此时尿囊绒毛膜异常薄，借助其上的血管比较容易鉴别。这种方法只能在尿囊绒毛膜同子宫内膜已经发生联系，但子宫阜与胎膜还处于游离状态时应用，通常对妊娠 40d 前的牛不能应用，95d 应用此法准确可靠，其特点是能将妊娠子宫同子宫积液和子宫积脓区别开来。

（6）子宫阜或子叶　　大约在妊娠 100d 时，直肠检查就能辨认出子宫阜或子叶。首先可在骨盆间缘 8～10cm 处，在子宫体和子宫角基部正中间向下触摸探找。在妊娠早期单个子宫阜或子叶不易辨别，只是感觉子宫表面有不规则的凸出部分，其感觉就像触摸装满马铃薯的布袋。随着妊娠月份的增长。子宫阜或子叶变大，容易触出单个子宫阜或子叶结构，但妊娠 5～7 个月时，子宫沉入腹腔，即使多次直检也触诊不到子宫阜或子叶。

（7）子宫中动脉　　在未妊娠和妊娠早期牛，直肠检查触摸不到子宫中动脉的颤动，即使摸到子宫中动脉也难以辨认。通常子宫中动脉在阔韧带内蜿蜒而行，于骨盆腔前缘向前向下延伸。临床经验不足的兽医，有时会将它同髂动脉或闭孔动脉混淆，它们之间的细微差别是子宫中动脉极易滑动，可用拇指和食指将其捏住。

触诊发现子宫中动脉变粗大和震颤可作为妊娠的一种依据，要注意在产后不久和子宫积脓时，子宫中动脉亦粗大并有震颤。

2. 妊娠各阶段的变化　　青年母牛的整个生殖器官（子宫颈、体、角和卵巢）通常位于骨盆腔内，平躺在骨盆底壁或略偏一侧，很少越过骨盆腔前缘。经产母牛生殖器官比较大，子宫角往往垂入骨盆腔入口前缘的腹腔内，在子宫上方触摸时，可以清楚地摸到角间沟和两个子宫角及其分叉，用中指轻压两个子宫角分叉处，拇指和食指在子宫角周围滑动或稍加挤压，则可感到子宫质地良好，有弹性和收缩性。生产胎次多的牛，右子宫角一般较左子宫角肥厚。触压两个子宫角都感觉不出有隆起部分，也无胎水和胎膜，有时可感到子宫收缩成光滑的半圆形，而且被角间沟和子宫交叉部分为对称的两半部。卵巢的大小及形状不太固定，通常一侧卵巢由于有黄体和较大的卵泡，较另一侧卵巢要大一些。

妊娠早期生殖器官的变化不大，与未妊娠时差不多，检查时要从多方面综合判断。要间隔一段时间再检查 1～2 次才行。

（1）妊娠 30d　　子宫位置同未妊娠子宫差不多，位于骨盆腔内，亦可能略微扩张，伸到骨盆腔前缘。触诊时有可能触到羊膜囊，感觉到类似手指节的胚胎，此时胚胎长 8～12mm，羊膜囊为圆形，直径约 20mm，占据孕角的游离部分，子宫角表面有一部分明显膨胀凸出。这时触诊必须小心谨慎，一旦引起胎膜破裂，胎儿必定死亡。孕角比未孕角大 1/2。稍用力压迫子宫，指间可感触到尿囊绒毛膜，虽然这时尿囊长度已达 180mm，但其中液体还不多，未使其充分扩张，因而波动现象不明显。妊娠侧卵巢有呈蘑菇状凸起的黄体，体积比另一侧卵巢稍大一些。

存在黄体对于确定妊娠无决定性的意义，因为间情期黄体在大小和质地上同妊娠黄体差不多，难以区分。

（2）妊娠 45d　　子宫仍位于骨盆腔内，紧张度增高，羊膜囊膨胀扩张，其大小似鸡蛋（直径约为 4cm），比较容易触摸，仍然处在孕角游离部，未孕角游离部和连接部尚无明显变化，用手握住子宫可以感觉出刚形成的胎盘。

(3) 妊娠60d　　随着子宫内容物的增长，子宫开始移向骨盆腔前缘，子宫颈由骨盆腔中部移动到骨盆腔入口处，子宫及卵巢开始垂入腹腔。羊膜囊呈椭圆形，横径达到5cm；孕角肥大呈香蕉状，游离扩张，紧张而有波动，宽度达6.5cm，未孕角稍短。用手提子宫可感觉到有重量，其中似有内容物，但感觉不出胎儿（此时胎儿长约6cm）。两子宫角的组织松弛、柔软，含有大量液体。子宫开始变薄、变长，偏向一侧。角间沟略变平坦，但能辨别出，抚摸子宫角，收缩缓慢、微弱或完全无收缩反应，胎盘变大。

(4) 妊娠90d　　由于胎儿生长，胎水增多，子宫继续扩张增大，子宫角连接部紧张，孕角宽约9cm，未孕角约4.5cm，孕角大于未孕角，呈拳击手套形。此时绝大多数牛的生殖器官仍在骨盆同一水平面，手仍能通过骨盆腔越过紧张的子宫角。触摸时，可感到子宫内的液体中似有棒球大小的块状物，这就是胎儿。其悬浮在液体中，用力压迫可触到乒乓球大小的胎儿头部，甚至感觉出四肢，此时胎儿体长约16cm。

胎盘突直径约25mm，比较柔软，可隐约感触出，但不清楚。供应子宫的动脉及卵巢和子宫颈的动脉分支，随着妊娠月份增长而变粗，子宫中动脉似铅笔样粗细，出现妊娠脉搏。子宫中动脉位于子宫阔韧带前缘，触诊时有一种特殊感觉，即血液冲击血管壁和通过时产生一种似山涧流水的潺潺声或蜂鸣嗡嗡声，这种特殊的动脉脉搏称为妊娠脉搏。

触摸子宫中动脉的方法是将手伸到骨盆腔前缘，手指弯曲向下夹住阔韧带前缘，用大拇指和食指触摸寻找。随着妊娠月份增长，子宫角伸出骨盆腔，下垂悬吊在骨盆前缘时，夹住阔韧带前缘很困难，此时可将手伸入骨盆腔展平，手掌朝向一侧，压迫侧壁，找出一条较粗的动脉。必须注意，股动脉就在子宫中动脉近旁，但它是向下行到股内侧，不活动亦不震颤。此外，还应注意与外阴动脉相区别，泌乳盛期的母牛，由于乳房供血量很大，外阴动脉变粗，也有类似于妊娠时子宫中动脉的震颤。

(5) 妊娠120d　　由于胎儿增大，子宫扩张并下沉到骨盆腔前缘下方的腹腔内，因而很难确定子宫扩张的程度，术者必须将手伸得很深（特别是在体型大的牛）才能触到胎儿，此时胎儿体长达25cm，胎头大小同柠檬大小。若触不到胎儿，则可将手收拢成梨状轻轻触摸，触诊子宫体上的子叶，此时，可触到比较结实的子宫阜或子叶，直径约40mm，卵圆形。胎囊内液体聚积在子宫角顶端。子宫颈一部分仍位于骨盆腔内，除子宫位置、子宫内容物的变化有助于确定妊娠外，检查子宫中动脉也有重要意义，孕角侧子宫中动脉扩张增厚，粗细如铅笔，出现明显震颤，未孕角一侧子宫中动脉较细，无明显的震颤。

(6) 妊娠150d　　从此时起直到妊娠结束（分娩）的整个期间，主要变化是胎儿生长增大，胎水量增多，子叶和子宫中动脉增大变粗。随着妊娠月份不同，妊娠子宫或向下沉入腹腔底部，或上浮到腹腔中上部；胎水量则增加到同胎儿体积相等或接近胎儿体积。子宫中动脉妊娠脉搏的出现时间和强烈程度在妊娠各个月份各不相同，可以作为确定妊娠月份的依据。

子宫颈大部分移动到骨盆腔前缘的腹腔内，而子宫体和子宫角则下沉到腹腔底部，可以触摸到子宫壁上的胎盘，有时也能触到胎儿。孕角侧子宫中动脉达到小指样粗细，震颤明显，未孕角侧子宫中动脉尚无或出现微弱的震颤，两侧子宫中动脉向骨盆腔中线靠拢，位于髂骨及耻骨附近。

（7）妊娠 180d　　整个子宫移向腹腔底部，由于胎儿向前向下移，即使术者手臂尽量下伸也难触到子宫，但可摸到子叶，其可达鸽蛋样大小。两侧子宫中动脉均有震颤脉搏，但未孕侧较弱。

（8）妊娠 210d　　子宫略向骨盆方向退回，整个子宫呈长袋状，由耻骨联合伸向下腹壁，子叶可达鸡蛋样大小，彼此间距离缩小，两侧子宫中动脉明显震颤，但未孕侧较轻微，有的母牛甚至到分娩时也不明显。孕侧子宫后动脉开始出现震颤。

（9）妊娠 270d　　子宫颈和胎儿前置部分位于骨盆腔内，子叶达鹅蛋样大小，子宫中动脉粗 20～25mm，弯曲，震颤强烈。两侧子宫后动脉震颤也非常明显。母牛出现分娩预兆。

第五节　手术助产器械及其使用

助产手术所用器械应该构造简单而坚固，使用灵活方便，有多种用途或某项特殊用途，不易损伤母体，易于消毒，便于携带等。

手术助产器械主要有绳导，以及牵拉、推送、矫正及截胎器械等。

一、绳导

绳导是用来引导产科绳、钢绞绳或线锯条穿绕胎儿肢体的器械。产科绳、线锯条及钢绞绳细软，要想绕过胎儿的某一部分时，常因胎膜或胎儿本身的阻碍，难以进行。所以，须用绳导作为穿引器械。像使用其他器械一样，使用绳导须在母畜阵缩的间歇，以免受到母畜宫缩的阻挠。先将绳或线锯缚在绳导的一端，在阵缩的间隙用绳导引导产科绳、线锯条或钢绞绳从胎儿肢体一侧缓慢穿绕过去，再从另侧拉出来，这样就可将所要穿绕的肢体套住。

常用的绳导有环状绳导和长柄绳导两种。环状绳导是用直径约 1cm 的粗金属条做成的环，环长 14～16cm（羊的长 10cm），宽 4cm，中间部分稍有弯曲。产科绳或线锯条穿在环的一端孔上。这种绳导可用来穿绕胎儿四肢等较小的部分。长柄绳导作用和环状绳导相同，但较长（18cm），弧度较大，两端各有一椭圆形的环，一端环较大，一端环较小。使用时将产科绳或线锯条缚在环较小的端，并用手握住，将环大的一端穿绕过去，由另一侧拉出来，用于大家畜。

二、牵拉器械

1. 产科绳　　产科绳是矫正和拉出胎儿最必需的用具之一。早期常用棉绳，柔软耐用，但不易彻底消毒。最好使用尼龙绳，其性能较好，消毒方便，易于得到。不可使用粗麻绳，以免擦伤产道组织。大家畜用的产科绳直径为 5～8mm，长度视需要而定，一般 1.5～2.0m 即可；小家畜可用直径为 3～5mm 的产科绳，绳的一端应有一个圈套。一般需备有 3 条产科绳。

使用产科绳时，把绳套戴在中间三个手指上带入子宫。这样手伸到哪里就可把绳带到哪里。拉出胎儿时，将绳分别缚在胎儿两前肢的球节上方及胎头（正生）上。不可隔着胎膜拴胎儿，以免用力时滑脱。

2. 产科链 产科链是用小铁环做成的链子，用途和使用方法与产科绳基本相同。使用不如绳子方便，但容易消毒。

3. 产科钩 胎儿的某些部分用手和绳子都无法牵拉时可用产科钩，其效果很好，因此是手术助产的必要器械之一。产科钩有长柄及短柄两种，每种钩尖又有锐、钝之分，有的钩尖可以活动，有的则是固定的。

（1）长柄钩和短柄钩　长柄钩柄长约80cm，用于能够沿直线到达的部位，使用简便。术者用手握住钩尖带入产道，由助手或另一只手推动，把它带到需要钩住的地方，并指导助手转动钩柄使钩尖转向要钩住的部位。术者用力按压钩尖，同时助手拉动钩柄，钩尖就能钩住此处组织。钩尖有固定式的，也有活动式的。活动式钩尖钩挂容易，如胎儿头颈侧弯需要钩住眼眶时，由于颜面突出部分的影响，固定式钩尖有时不易钩住，如用活动式钩尖，则挂钩非常方便。小家畜的长柄钩是用直径4mm粗的铁条做成的，长40~50cm。

长柄钩适用于死胎儿，是矫正胎儿非常得力的器械。在正生时，可以钩住下颌骨体、眼眶、耳道、后鼻孔（从口腔伸进去，钩尖抵达咽喉时，转动柄，使钩尖向上转），倒生时可以钩住耻骨前缘或闭孔，也可以钩住其他牢固坚硬的部位。在死胎儿宜用锐钩，活胎儿在迫不得已的情况下可用锐钩，钩住眼眶处或对生命危害较小的部位。钝钩的优点是不易损伤子宫，而且对胎儿的组织损害少，缺点为固定不够牢靠，容易滑脱。

将产科钩带进子宫时，术者需始终注意用手保护钩尖。下钩时，在任何部位均需从外向内钩，钩尖不可露在胎儿体外，以免损伤母体。拉动时，子宫内的手必须握住钩柄前端，同时食指触及胎儿，注意钩尖有无拉脱的可能，以便在滑脱以前及时停止。

短柄钩在子宫内可随意转动，能够用于不能沿直线到达的地方。钩柄的圆孔用来拴绳子。遇到努责及胎衣的阻挠时，此钩用起来不如长柄钩方便。

（2）肛门钩　肛门钩是一种钩呈弧形的小钩，长30cm。胎儿如为坐生且已经死亡，可将肛门钩伸入直肠，钩住骨盆入口的骨质部分向外拉。

（3）复钩　可以用来夹住大家畜胎儿的头、颈、腰、臀及其他粗大部分。在头部正常前置时，可以用来夹住眼眶，代替眼钩。使用方法是先把钩尖闭合带入子宫，抵在胎儿的某一部位上，把钩尖压开，然后将需要夹住的部位夹紧。复钩的优点是在拉的时候可以牢固地夹住组织，不易拉脱；即使脱钩，因为钩尖呈闭合状态，不会损伤母体。但必须提前检查，个别复钩闭合以后钩尖向两侧突出，容易造成损伤。

三、推送器械

在救治大家畜难产时，常需将胎儿从骨盆腔推回到子宫中，以便有较大的空间进行操作。一般情况下，术者可用手臂推送胎儿，但有时由于母畜努责强烈，手臂长度不够，推送胎儿会有困难，而且用手臂推送时，往往难以同时进行矫正，因此必须借助一些器械。常用的器械有产科梃及推拉梃（推拉梃在矫正器械中介绍）。

产科梃：柄长80cm，前端呈叉状，叉宽10~12cm。有的在叉中间还有一锐尖，可以插入胎儿组织内，推动时不易滑脱。即使该梃用于活胎儿，只要其末端不破坏重要器官，所造成的损伤也是容易痊愈的。这种梃可用于个体较大的牛、马，在个体较小的家畜，可用叉宽6~8cm的产科梃。

使用产科梃时，术者用拇指及小指握住叉的两端把梃带入子宫，对准要推的部位（正生时是梃叉横顶在胎儿胸前或颈基和一侧肩端之间，倒生时是在坐骨弓上），然后指导助手向一定方向慢慢推动。这时术者的手要把梃叉固定在胎儿身上，防止滑脱后伤及子宫。应趁母畜不努责时推动，努责时不推，但必须顶住，以免被退回。推动了一定距离后，助手顶住胎儿，术者即可放手去矫正异常部分。死胎如果梃叉无法固定在要推的部分上，可用刀切破这里的皮肤和肌肉，把挺叉直接顶在骨头上。

使用产科梃之前，先用绳子把胎儿露在阴门处的前置部分拴住，以便矫正后向外牵引。

四、矫正器械

常用于矫正大家畜胎儿的主要器械有推拉梃和扭正梃。

1. 推拉梃 柄长约80cm，梃叉的宽度及深度大致与大家畜的腕部相同，宽约7cm，深约3cm。梃叉两端各有一环。

使用时，先把产科绳的一端拴在推拉梃叉的一个环上，然后在绳子的自由端拴上绳导，带入子宫，绕过胎儿需要推或拉的部分（多为头颈或四肢），拉出阴门外，解除绳导，把绳的自由端穿过另一环，然后把梃叉带入子宫，由助手推动，伸至绳子绕过的部分。将绳的自由端抽紧，并在梃柄上拴牢，即可对这一部分进行推拉或矫正。亦可将绳子在推拉梃上拴好后，按照线锯使用的套上法，把梃推送到一定位置后，将绳子抽紧或缚牢，然后进行矫正。

推拉梃因为有绳子固定在要推的部分，可以放心用力推而不致滑脱，术者可以腾出手去矫正反常部分，所以是推动胎儿最有用的器械。但由于梃头有丝扣，所以只能向右侧旋转，向左可能将梃头扭脱。

2. 扭正梃 柄长约85cm，主叉长8~10cm，分叉长10~14cm。头颈发生捻转时，将梃叉的直端插入胎儿口内，分叉置于扭转侧的下方，然后转动梃柄，把头扭正。

五、截胎器械

死亡胎儿如无法完整拉出时可行截胎术，然后一部分一部分地拉出。截胎器械种类很多，用途也各不相同，主要用于切、锯、凿、分离、撕裂或绞断等。这些器械一般都是锐利器械，使用时必须注意，不要使产道受到损伤。

1. 刀 主要有隐刃刀、指刀、长柄指刀、产科刀、钩刀等。

（1）隐刃刀 刀刃能退入刀柄之内的小刀，带入子宫或由子宫拿出时，不会损伤产道。刀柄长10cm，其后端有一圆孔，可以穿上绳子，以免滑掉后不易寻找。刀身有直、弯、钩等形状，带入子宫后，根据需要切割的组织深度，适当推出刀刃。

（2）指刀 种类很多，刀身都很短，有柄或无柄。刀背上有一环或两环，可以套在食指或中指上；有的还有一指垫，以便用力刃割。带入子宫或拿出时，须用邻近的手指护住刀刃。

（3）长柄指刀 柄长60cm，可用左手推拉刀柄帮助操作，使用比指刀方便省力。

（4）产科刀　　刀长约12cm，刀身很短，有弯的，也有钩状的，后端也有小孔，使用时可在孔中穿上绳子，以免滑脱。因为刀身小，用食指加以保护，可自由带入或拿出。

（5）钩刀　　一种长柄钩状刀，主要用于缩小死亡胎儿的胸腔体积。在胎儿气肿或体格过大、矫正拉出较为困难时，可将钩刀从肩部皮下伸至最后一个肋骨之后，把钩尖转向胎儿体内，用力猛拉，可把肋骨逐条拉断。

2. 产科凿　　产科凿是用于大家畜的一种长柄凿，凿刃有直的、弧形的和"V"形的，而且有的凿刃两端各有一钝的突出，起保护作用。产科凿用于凿断骨骼、关节和韧带。术者将凿刃固定在某一位置上，由助手敲击柄端。可能时，将被凿的部位拉紧，更容易凿断。

3. 剥皮铲　　剥皮铲有一长柄，铲身呈槽形，其前缘为不锐利的刃，用于剥离胎儿四肢的皮肤。剥离之后容易破坏四肢和躯干的联系，将四肢取出。操作时须用一只手隔着皮肤感触铲刃，避免铲破皮肤，损伤产道。

4. 产科线锯　　产科线锯的种类很多，目前常用的是由一个卡子固定在一起的两条锯管和一条钢丝锯条及两个锯把构成的线锯。卡子有一个关节，可以调节两锯管之间的角度。另外尚有一条前端带一小孔或钩的通条，以便引导锯条穿过锯管。线锯的使用方法有两种。

（1）绕上法　　即将锯条绕过需要锯断的部位加以固定。以胎儿头颈侧弯为例，使用线锯时，先将锯条由后向前穿过一个锯管，拴上绳导后拉紧，右手带绳导伸入子宫，左手将此锯管紧跟绳导向前推进。将绳导带到颈部和躯干之间后，由上向下插入，然后再从下面找到绳导，并拉出于阴门之外，这样锯条就绕住了颈部。拉绳导时如遇到了阻力，活动一下锯管前端，锯条即能顺利拉出。然后去掉绳导，用通条把锯条由前向后穿过锯管，并将此锯管顺着锯条伸入子宫，抵达颈部，然后把卡子由后向前套在两锯管上，推至一定距离后交叉锯管。最后在锯条两端加上把柄。这时术者把两锯管的前端用力固定住，助手即可拉动锯条。

（2）套上法　　将锯条提前在锯管内装好，然后套在需要锯断的部位固定。例如，在截除姿势正常的前腿时，先把锯条在加上卡子的锯管内穿好，将锯条的圈套和锯管一起从蹄尖推入子宫，套到要锯断的部位上，然后锯断。

除了套胎儿这一步较麻烦外，线锯使用时比较方便。骨骼容易锯断，但皮肤因活动性大且柔韧，不易锯断，必要时须先在皮肤上做一深而长的切口，或者套上锯条以后用钩子或其他方法把皮肤拉紧再锯。

开始锯之前必须确定锯管前的锯条没有发生交叉，以免彼此摩擦。拉锯动作要平稳，幅度要大，一般中途不要停下来，以免锯条被组织卡住拉不动。

有时胎毛塞在锯钩内，使锯条受阻，这时活动一下锯管前端，就可以帮助解决阻塞，不要猛拉硬拽。胎体被锯断以后，可感觉到锯条和锯管前端发生了金属摩擦，拉动锯条毫不费力，同时能将整个线锯从子宫中拉出来。

5. 胎儿绞断器　　胎儿绞断器由绞盘、钢管、抬杠、大摇把、小摇把和钢绞绳所组成。胎儿绞断器比线锯力量要大，可迅速绞断胎儿的任何部分。但骨质断端不整齐，取出胎儿时容易损伤产道。因此，除了尽量从关节处绞断外，必须用大纱布块保护骨质断端。

胎儿绞断器的用途及使用方法基本同线锯。绕上法是先将钢绞绳的一端带入子宫，绕过胎儿要绞断的部分，并拉出产道，将钢绞绳的两端对齐，穿过钢管，固定在绞盘上。套上法是先把钢绞绳装好固定在绞盘上，将钢绳套到需要绞断的肢体上，术者将钢管送入子宫，顶住预定要绞断的部位，并用手加以固定，以防位置改变。两名助手抬起绞盘，另一名助手先用小摇把绞。当钢绳绞紧后，再用大摇把用力慢绞。如果摇把已松，说明已经绞断。

第六节　剖腹产手术

剖腹产是切开母体腹壁和子宫取出胎儿的手术。在救治难产时，如果无法矫正胎儿或施以截胎术，或者这些方法的后果并不比剖腹产好，即可能行这种手术。剖腹产的优点是，如果病例选择恰当且及早进行手术，不但可以挽救母畜生命，而且能够保持其生产能力（使役、泌乳、产毛等）和繁殖能力，甚至也可以同时挽救胎儿生命。因此，这是一种重要的助产手术。

一、术前准备

1. 手术场地的选择　　应在手术台上或选择洁净干燥的场地进行手术。
2. 家畜的准备　　术部剃毛、清洗、消毒，并检查全身情况。
3. 保定　　一般为左侧或右侧，亦可站立保定。侧卧保定时，腹下必须垫一块塑料布。
4. 麻醉　　在牛、马、羊可施行硬膜外腔麻醉或腰旁、椎旁传导麻醉，或用静松灵肌肉注射，亦可施行电针麻醉。

二、手术操作步骤

1. 术前检查处理　　直肠检查、心脏听诊、瘤胃穿刺、静脉补液。
2. 切开皮肤和皮下组织　　暴露腹黄筋膜→切开腹黄筋膜→切开腹内外斜肌肌腱→切开腹直肌→切开腹横肌腱膜和腹膜→暴露腹腔→用大块纱布将脱出肠道及大网膜推回腹腔→预定切口线装置牵引线（注意子宫与腹腔的隔离）。
3. 切开子宫　　子宫角大弯，避开子叶，切开子宫壁→剪开胎膜→暴露尿囊膜→刺破尿囊膜→将尿囊膜拉于切口之外。
4. 取出胎儿　　手伸入子宫内取出胎儿一肢→手再伸入子宫内，取出胎儿另一肢→在助手协助下拉出胎儿→剥离胎衣。
5. 闭合腹腔　　用加有青霉素的温生理盐水将暴露的子宫表面洗干净（冲洗液不能流入腹腔），蘸干并充分涂以抗生素软膏后，放回腹腔→连续和内翻二道缝合子宫→常规闭合腹壁各层（结节缝合）。

三、术后处理

术后定时检查病畜全身情况，并注意保持术部清洁，防止感染化脓。若切口愈合良好，术后8～10d即可拆除缝线。

第七节 乳房炎实验室诊断

乳房炎的诊断需要现场检查和实验室检查相结合。乳房炎的症状很多，发病的性质和严重程度差别很大，并非所有的情况下都可用目前的检测方法对奶牛群进行检测，但很有必要熟悉这些方法，以作出确切的诊断。

乳房炎的监测应该作为奶牛场的一项日常工作，因为乳房炎的发生、发展是由轻到重，由隐性到表现临床症状的，所以要及早发现，就必须经常进行监测，如果等到肉眼发现临床表现时再进行诊断，则已经为时过晚，可能会造成很严重的损失。

一、乳中细胞检验法

1. 加利福尼亚乳房炎检测（CMT）法　　此法简易易行，结果准确，并可以定量分析。

（1）基本原理　　用一种阴离子表面活性物质——烷基或烃基硫酸盐破坏乳中的体细胞，释放其中的蛋白质，蛋白质与试剂结合沉淀或凝胶。细胞中聚合的脱氧核糖核酸（DNA）是 CMT 产生阳性反应的主要成分。乳中体细胞数越多，释放的 DNA 越多，产生的凝胶也就越多，凝结越紧密。

（2）试剂配方　　烷基硫酸钠（或烷基烯丙基硫酸钠、烷基硫酸钾及烷基烯丙基硫酸钾）30～50g，氢氧化钠 15g，溴甲酚紫 0.1g，蒸馏水 1000mL。

（3）操作方法　　先将 2mL 被检乳置于塑料乳房炎检验盘中，再加入试剂 2mL，缓慢作同心圆状搅拌 10s，观察判定，判定标准如表 3-4。

表 3-4　CMT 法判定标准

被检乳	乳汁反应	判定符号	细胞总数/（万个/mL）	嗜中性粒细胞的比例/%
阴性	无变化，不出现凝块	－	0～2	0～25
可疑	部分形成凝胶状	±	15～50	30～40
弱阳性	微量沉淀，不久即有消失的倾向，部分形成凝胶状	＋	40～150	40～60
阳性	全部呈凝胶状，回转摇动时凝块向中央集中，停止摇动时凝块呈凹凸状附于皿底	＋＋	80～500	60～70
强阳性	全部呈凝胶状，回转摇动时凝块向中央集中，停止摇动时仍保持原状，并固着于皿底	＋＋＋	＞500	70～80
酸性（pH 5.2 以下）	乳汁变黄色，意味着细菌增多，乳糖被分解			
碱性（pH 7.0 以上）	乳汁呈深紫色，为接近干奶期，患乳房炎和泌乳量降低的现象			

2. 白细胞分类计数的刻度管检验法　　取被检乳 10～15mL 装入刻度离心管，以 2000r/min 离心，待其沉渣达到刻度 1 以上，仔细吸除上清液及管壁上的脂肪，将剩余的液体与沉渣混合，然后按制作血液涂片的方法做成抹片，待自然干燥后，置二甲苯中脱脂 2min，水洗，用吉姆萨染液或其他血液染色液染色，镜检。按表 3-5 进

行判定。

表 3-5 白细胞分类计数诊断乳房炎的判定标准

白细胞分类计数结果 (嗜中性分叶核淋巴细胞占白细胞总数)	判定
12%以下	健康
12%～20%	可疑
20%以上	乳房炎

3. 过氧化氢酶法 此法为间接测定乳中白细胞的方法，即测定乳中白细胞的过氧化氢酶，以推断白细胞的含量。

（1）试剂 取 30%过氧化氢，按 1：(2.33～4.00) 的比例加入中性蒸馏水，配成 6%～9%的试剂，待用。

（2）操作方法 将载玻片置于白色衬垫物上，滴被检乳 1 滴，再加配好的试剂 1 滴，混合均匀，静置 2min 后观察。判定标准见表 3-6。

表 3-6 过氧化氢酶法诊断乳房炎的判定标准

反应	判定	符号
液面中心无气泡，或有小如针尖的气泡聚积	正常乳	－
液面中心有少量大如粟粒的气泡聚积	可疑乳	±
液面中心布满或有大量粟粒大的气泡聚积	感染乳	＋

4. 氢氧化钠凝乳检验法 此法操作比较简单，但不适用于检验泌乳初期及接近干乳期的牛乳。

将载玻片置于黑色衬垫物上，加被检乳 5 滴，再加 4%氢氧化钠 2 滴（冷藏 2d 以内的乳样加试剂 1 滴即可），用细玻棒或火柴梗迅速搅拌，使其扩展成直径 2.5cm 的圆形，并继续搅拌 20～25s，观察，按表 3-7 进行判定。

表 3-7 氢氧化钠凝乳检验法判定标准

反应	判定	符号
无变化，不出现凝乳现象	阴性	－
有细小凝块出现	可疑	±
出现较大的凝块，乳汁略显透明	弱阳性	＋
出现大凝块，用火柴棒搅动时，形成丝状凝结物，乳汁水样透明	阳性	＋＋
出现乳白色的大凝块，有时全部凝成一大块	强阳性	＋＋＋

5. PL 试验 由 CMT 法衍变而来的一种检验方法，也不适用于泌乳初期及末期。

（1）试剂 烷基烯丙基硫酸钠 2g，溴麝香草酚蓝（BTB）0.02g，加中性蒸馏水至 100mL。

（2）操作方法 取被检乳 1～2mL 置于塑料检验盘中，加入等量试剂，前后左右缓慢倾斜摇晃检验盘 5s 左右，使乳汁的凝集现象完全消失，再持续摇晃约 1min，最后使检验盘倾斜,观察,并按表 3-8 中的标准判断结果。

表 3-8 PL 试验判定标准

乳汁凝集程度	相当于含白细胞数	判定
不凝集,乳汁沿检验盘倾斜下流	约 8.8 万个/mL	—
略微凝集,但乳汁仍沿检验盘下流	约 35.0 万个/mL	±
明显凝集,凝集片停留黏附在检验盘上	约 92.1 万个/mL	+
有大量凝集片,比较黏稠	约 207.3 万个/mL	++
有大量凝集片,很黏稠,半数成为凝块	约 376.1 万个/mL	+++
全部成为凝块,呈胶冻样	极多,无法计算	++++

二、乳汁 pH 检验法

乳汁 pH 检验操作简单,常用 BTB 试验。

1. 试剂　　47.4%乙醇 500mL,加 BTB 1mL,再加 5%氢氧化钠 1.3～1.5mL,混合均匀成为微带绿色的溶液(BTB 试剂)。

2. 操作方法

(1) 试管法　　首先在 10mL 试管中加入 BTB 试剂 1mL,再加入被检乳 5mL,然后用 2mL 吸管吸取 BTB 试剂 1mL,沿试管壁缓慢滴入被检乳中,观察被检乳与试剂接触面的变化。

(2) 玻片法　　将载玻片置于白色衬垫物上(白布或白纸上),滴被检乳 1 滴,再加 BTB 试剂 1 滴,混合观察。

3. 判定标准　　见表 3-9。

表 3-9 BTB 试验判定标准

颜色反应	pH	判定	符号
黄绿色	6.0～6.5	正常乳	—
绿色	6.6	可疑乳	±
蓝绿色至青绿色	6.6 以上	感染乳	+

三、乳汁物理检验法

患乳房炎时,乳汁中的 Na^+、Cl^-、K^+ 等离子组成发生变化,从而导致乳汁的导电性改变,因此可以利用仪表测定乳汁的电导率或电阻,以诊断乳房炎。

1. 检验仪器　　目前国内应用的仪表有多种,如直读式电导率仪(DDS-11A 型)、AHI 型电导率仪、RRSZ-Ⅰ型电导率仪、改装的 500-Ⅰ型万用电表(测电阻)等。现以直读式电导率仪(DDS-11A 型)为例,将检验方法介绍如下。

2. 样品的采集及准备工作　　产后 5d 至停奶前的奶样均可检验,以新鲜乳汁为佳,如冷藏需不得超过 24h。

检验前必须将水浴温度调至 32～34℃,并将电导率仪接通电源加以校正。

3. 检验方法及判定标准 用小烧杯装乳样 5~10mL 置于水浴中加温，待乳样温度升至 32~34℃即可开始检测。每测完一份乳样，检测下一乳样之前，必须用中性滤纸将附在电极上的残乳揩净。

健康牛乳汁的电导率一般在 $(0.50~0.55) \times 10^4$ V/cm，但有少数牛的乳汁电导率可能高于或低于这一范围。遇此情况时，必须求出其比值（相对导电性），即导电性最低乳区的电导率值与其他三个乳区的乳汁电导率数值之比的大小，按表 3-10 的标准进行判定。

表 3-10 直读式电导率仪检验法判定标准

电导率范围		判定
绝对值	比值	
$(0.550\pm0.005)\times10^4$ V/cm 以下	1.04 以下	—
$(0.550\pm0.005~0.610\pm0.005)\times10^4$ V/cm	1.04~1.08	±
$(0.610\pm0.005)\times10^4$ V/cm 以上	1.08 以上	＋

第八节 精液品质检查

精液品质检查是为了鉴别精液品质的优劣，以此作为新鲜精液稀释、保存的依据，同时也能反映种公畜饲养管理水平和生殖器官的机能状态，反映技术操作质量，衡量精液在稀释、保存、冷冻和运输过程中的品质变化及处理效果，因此也可用于评价公畜的繁殖能力和诊断公畜的生殖疾病。

现行的评定精液品质的项目有外观检查法、显微镜检查法、生物化学检查法和精子活力检查法等。

一、精液的感官检查

1. 射精量 不同动物的射精量差别很大，因此在检查射精量时应采用合适的设备进行测定。在射精量很少的动物，如绵羊，可采用特殊的集精杯，在牛和犬可采用 15mL 的离心管，在射精量大的马和猪可采用采精瓶。这些采精用设备大多具有刻度。许多实验室采用实验天平对采集的精液称重，将射精量用重量（g）表示。

将采得的精液倒入带有刻度的试管或集精杯中，测量其容量。各种动物的平均射精量为马 70（30~100）mL、驴 50（20~80）mL、牛 4（2~10）mL、羊 1.0（0.5~2.0）mL、猪 250（150~500）mL、犬 5（2~15）mL、鸡 0.3（0.1~0.5）mL、鸭 0.3（0.2~0.5）mL、鹅 0.3（0.1~0.5）mL、火鸡 0.3（0.2~0.4）mL、兔 1.0（0.2~2.0）mL、大熊猫 2（1~3）mL、鹿 2（1.0~2.5）mL。

2. 色泽、气味 正常精液的颜色为乳白色和灰白色，无味或稍带有腥味。

3. 云雾状 正常羊和牛的精液因精子密度大而浑浊不透明，肉眼观察时，由于精子的运动，精液翻腾如云雾状。精液浑浊度越大，云雾状越明显，越呈乳白色，表示精子的密度和活力也越高。据此可以估计精子密度和活力的高低，常以"＋＋＋""＋＋""＋"表示其云雾状的程度。

二、精子密度

1. 估测法 取一滴精液放在载玻片上,加上盖玻片后置于 400~600 倍显微镜下观察,按下列等级评定其密度。

（1）密 在整个视野中精子密度很大、彼此之间空隙很小,两个精子之间的距离小于一个精子的长度,看不清各个精子的运动情况,每毫升精液中含精子数为 10 亿个以上,评定等级为"密"。

（2）中 整个视野各个部分都分布有精子,精子之间空隙明显,彼此之间距离有 1~2 个精子的长度,有些精子的活动情况可清楚地看到。每毫升精液中含精子数为 2 亿~ 10 亿个,评定等级为"中"。

（3）稀 精子稀疏地分散于视野中,精子之间空隙超过 3 个精子的长度,每毫升精液中含精子 2 亿个以下,评定等级为"稀"。

若在视野中看不到精子,可评定为"无"或"零"。

2. 计数法 使用血细胞计数器计数,计算出每毫升精液中的精子数。其方法是用 1mL 吸管准确吸取 3% NaCl 0.2mL 或 2mL 注入小试管内,根据稀释倍数要求,用血吸管吸取并弃去 10μL 或 20μL 的 3% NaCl。再用血吸管吸取被测精液 10μL 或 20μL 注入小试管内并摇匀。然后取一滴稀释后的精液滴于计数板上的盖玻片边缘,使精液渗入计算室内。在 400~600 倍显微镜下查出计数室的四角及中央共 5 个中方格内 80 个小方格内的精子数（X）,代入下列公式计算即可算出每毫升被测原精液所含精子数。

$$每毫升精液中精子数 = X \times 80 \times 400 \times 10 \times 稀释倍数 \times 1000$$

牛、羊精液用红细胞吸管吸取计数,马、猪精液用白细胞吸管,精液稀释倍数可按表 3-11 计算。

表 3-11 精液稀释倍数

精液密度	稀释管种类	吸取时达到的刻度 精液	吸取时达到的刻度 3% NaCl	稀释倍数
密度大精液	血吸管	10μL	1990μL	200
		20μL	1980μL	100
密度小精液	血吸管	10μL	190μL	20
		20μL	180μL	10

为了减少误差,必须进行两次精子计数,如果前后两次误差大于 10%,则应作第三次检查,三次检查中取两次误差不超过 10%的结果,求得的平均数即为所确定的精子数。

3. 光电比色计测定法 先将原精液以不同比例稀释,并以血细胞计数器测定各种稀释比例的精子密度,制成标准管。再用光电比色计测定已知精子密度的各标准管的透光度,求出相差 1%透光率的级差精子数,根据其不同透光度与其相对应的精子数,制成精子查数表。也可绘制成曲线图。

用 5mL 生理盐水定点到 100,然后取新鲜精液 0.1mL 加入另一个装有生理盐水 4.9mL 的比色皿中,如用 581-G 型比色计,采用 42 号蓝色滤光片比色,如用 72-1 型比色计则用440nm进行比色，记录其透光度和光密度值。根据其透光度查对精子查数表，便可从表中找出被测精液样品每毫升中所含精子数。用比色计测定精子密度的误差是由精液内含有细胞碎屑、白细胞或胶状物等造成的，因此每头种公畜最好单独制成一份精子查数表。

三、精子活率

精液采出后立即在35～37℃的温度下进行精子活率测定。用玻璃棒蘸取一滴被测精液，密度大的精液可于载玻片上再加一滴稀释液，加以盖玻片，其间应充满精液，不使气泡存在，置于250～400倍显微镜下观察精子运动状况。精子的活动有3种类型，即直线前进运动、旋转运动和振摆运动。评价精子的活率是根据直线前进运动精子数的多少而确定的。牛、羊精子按五级制评定，全部精子呈直线前进运动为五级，80%精子呈直线前进运动为四级，以下三、二、一级以此类推。马、猪精子则按十级制评定，全部精子呈直线前进运动定为1.0级，90%的精子呈直线前进运动则评为0.9级，其余各级按此类推。如精子仅有摆动，可评为"摆动"，全部死亡则评为"死"。注意显微镜须放平，最好是在晴视野下进行观察。

目前评定精子活率等级的方法大多采用十级评分，在显微镜视野中估测直线前进运动精子占全部精子的百分率，以下列公式表示：

$$精子活率 = 直线前进运动精子数/总精子数 \times 100\%$$

显微镜视野中呈直线前进运动精子为100%者评定为1.0级，90%者评定为0.9级，以此类推。在评定精子活率时应观察精液的上、下两个液面并从3个不同的视野进行综合评分。

四、测定死亡精子的百分数

1. 方法一 取精液和5%伊红水溶液各一滴于载玻片一端，在1～2s内迅速混合均匀，并立即抹片进行检查；总共检查500个精子，计算死亡及活精子所占的百分比。

2. 方法二 取一滴精液和一滴5%伊红水溶液和两滴苯胺黑于载玻片一端，迅速混合均匀；取混合液一滴制成抹片，进行检查。在暗色的衬底上，死亡精子染色后为粉红色，活精子头部无色透明，精子死亡的时间越长，着色越深。

五、冷冻精液中有效精子数

随机抽取一头份冷冻精液按照常规方法解冻后，评定出精子活率。在同一批冷冻精液中再取一头份精液（颗粒冷冻精液可直接投入小试管中，不需再加解冻液）在60～80℃热水中经数分钟杀死全部精子。用1mL吸管准确测定被检精液量，然后再注入原试管内；另取1支1mL吸管，准确吸取0.29%柠檬酸钠，取用量为1mL精液量/头份，注入精液试管中混合均匀。这样，试管内经稀释后的精液量准确为1mL。取稀释后的精液滴入血细胞计数器内，计数5个中方格内的精子数（X），按下列公式计算。

$$精子数/mL = X \times 80 \times 400 \times 10 \times 1000$$
$$精子数/头份 = 精子数/mL \times 精液量/头份$$
$$有效精子数/头份 = 精子数/mL \times 精子活率$$

六、精子畸形率

1. 精液抹片的制作 以毛细管取一滴精液置于洁净载玻片的一端,制成均匀的精液抹片。抹片上的精液不宜太厚,制作牛、羊精液抹片时可在载玻片上滴加微量生理盐水加以稀释。待抹片自然干燥后,以 0.5%龙胆紫乙醇溶液数滴染色 3min,用红(蓝)墨水染色亦可。以流水缓缓冲去染料,待干燥后镜检。

2. 畸形精子 畸形精子过多,说明精液品质不良,会影响受精率。公牛畸形精子一般不应超过 18%,公羊不应超过 14%,公猪不应超过 18%,公马不应超过 30%。

计算畸形率时,将抹片置于高倍(400~600 倍)镜下检查 500 个精子,代入下列公式计算其中畸形精子所占百分比。

精子畸形率=畸形精子数/计算的精子总数(正常+畸形)×100%

七、精子存活时间及指数的测定

取 2mL 精液于试管中,加入 6mL 7%葡萄糖(1∶3 稀释)。将所稀释的精液分装于两个试管内,以软木塞塞紧,同时注明畜号,然后用棉花将试管包裹,放入盛有冰块的保温瓶中,并记录保存开始的时间。

每隔 8~12h 取出精液一滴,在 37℃保温箱中进行活力检查,直至全部精子停止直线前进运动为止。此时再将另一管精液取出进行检查,作为对照。如果后一管中的精子尚未全部死亡,则以后一管的存活时间为准。按表 3-12 进行记录。

表 3-12 精子存活时间记录表

检查时间		前后两次检查	精子活力评级	前后两次检查	平均活力与间隔
日期	时间	间隔时间		平均活力	时间之积

八、抗温时间的测定

取 0.5mL 精液注入 50mL 容量瓶中,以卵黄柠檬酸钠稀释液稀释 100 倍;将容量瓶放入 46℃水浴锅中,同时在瓶中插入温度计,待瓶内温度与水浴锅温度相等时开始检查;每隔 15~20min 取一滴精液进行检查,直至全部精子死亡为止,所经历的时间即为精子抗温时间。

九、精液酸碱度的测定

在 pH 试纸上加一滴精液,待颜色改变后与标准色板比较,确定精液酸碱度。

十、亚甲蓝褪色试验

亚甲蓝是氧化还原指示剂,氧化时呈蓝色,还原时则呈无色。精子呼吸时氧化脱氢,可使亚甲蓝还原为无色。据此原理可检查牛、羊精液耗氧的速度。

以吸管吸取等量的精液与事先配制好的亚甲蓝溶液各一滴于载玻片，混合均匀，立刻用细玻璃管（内径0.8~1.0mm，长6~8cm）吸取混合液使其液柱达到1.5~2.0cm，立即记录时间；然后将吸管置于18~25℃下观测亚甲蓝褪色所需时间，并按表3-13评定精液品质。

表3-13 牛、羊精液亚甲蓝褪色时间表

畜别	褪色时间/min	精液品质
牛	10	优
	11~13	中
	>13	劣
羊	7	优
	8~12	中
	>12	劣

十一、精子顶体完整率

采用测定精子畸形率的方法做精液抹片，自然干燥2~20min，以1~2mL的福尔马林磷酸盐缓冲液固定。对含有卵黄、甘油的精液样品需用含2%甲醛的柠檬酸钠固定。静置15min，水洗后选用下列一种染色液进行染色：①吉姆萨染液染色90min。②苏木精染液染色15min，水洗，风干后再用0.5%伊红染液复染2~3min。

经上述染液染色后，水洗，风干，置于1000倍显微镜下用油镜观察，或者用相差显微镜（10×40×1.25倍）观察。采用吉姆萨染液染色时，精子的顶体呈紫色，而用苏木精-伊红染液染色时，精子的细胞膜呈黑色，顶体和细胞核被染成紫红色。每张抹片须观察300个精子，统计出顶体完整的精子的百分率。按照精子的形态、细胞膜及顶体的完整与否，将精子顶体形态分为4种类型。

（1）顶体完整型　精子头部外形正常，细胞膜和顶体完整，着色均匀。顶脊、赤道段清晰、核后帽分明。

（2）顶体膨胀型　顶体着色均匀、膨大呈冠状，出现明显条纹。头部边缘不整齐，核前部细胞膜不明显或部分缺损。

（3）顶体破损型　顶体着色不均匀，顶体脱离细胞核，形成缺口或凹陷。

（4）顶体全脱型　赤道段以前的细胞膜缺损，顶体已经全部脱离细胞核，核前部光秃，核后帽的色泽深于核前部。

十二、伊红低渗溶液试验

检测精子细胞膜结构是否完整的传统方法是用伊红Y或锥虫蓝染料进行染色。活精子的细胞膜可以阻挡染料进入精子体内，只有死精子或细胞膜损伤的精子可被上述两种染料染色。同样，具有正常细胞膜通透性的活精子置于低渗溶液中，由于水分进入细胞内，精子尾部即出现肿胀。因此可以反映精子细胞膜的生理机能。根据上述原理，采用伊红低渗溶液试验可作为精子生理机能的检测方法。

用定量加样器取 10μL 精液和 40μL 0.1%伊红 Y 于载玻片上混匀，覆以盖玻片，静置 1~2min，在 400 倍显微镜或相差显微镜下观察精子头部着色情况和尾部肿胀情况。将头部未着色尾部未肿胀、尾部未出现弯曲的精子确定为细胞膜生理机能正常的精子。在显微镜下计数 200 个精子，计算细胞膜正常精子的百分率。

十三、精液的细菌学检查

目前国内外都十分重视精液的微生物检验。精液中含有的病原微生物及菌落数量已列入评定精液品质的重要指标，并作为海关进、出口精液的重要检验项目。

1. 血琼脂培养基的配制　　牛肉浸膏 5g、蛋白胨 10g、磷酸氢二钾 1g、氯化钠 5g，用蒸馏水 1000mL 溶解后，加琼脂粉 20g 加温溶解。矫正 pH 至 7.4~7.6，并用脱脂棉过滤，分装于试管或三角烧瓶中经高压灭菌（147N/cm^2，20min），制成普通琼脂。

取溶解后的 10mL 普通琼脂冷却至 45~50℃，加入无菌脱纤维血液或血清 5~10mL，混合均匀，倾入灭菌平皿内，置入 37℃恒温培养箱内 1~2d，确认无菌后备用。

2. 细菌学检查　　取一定剂量的冷冻精液，以灭菌生理盐水做 10 倍稀释，取 0.2mL 倾倒于血琼脂平板，均匀分布，在普通培养箱中 37℃恒温培养 48h，观察平皿内菌落数并计算每剂量中的细菌菌落数，每个样品做 2 个，取其平均数。

每剂量中细菌数＝菌落数×稀释倍数×取样品的倍数

例：

0.1mL 颗粒精液中细菌数＝菌落数×10×5

0.25mL 颗粒精液中细菌数＝菌落数×10×12.5

第二篇　临床兽医学实验指导

第四章　临床诊断学实验指导

实验一　动物的接近与保定

【实验目的】

掌握马、牛和羊接近的方法，以及保定器械的使用。

【实验用品】

1. **实验动物**　马1匹、牛2头、羊2只。
2. **仪器和用具**　鼻捻棒、耳夹、牛鼻钳、10m保定绳。

【实验步骤】

1. **动物的接近**　接近动物是进行临床检查的第一步，远距离或网上诊断检查，必然会遗漏大量的诊断信息，造成诊断上的困扰或误诊。大多数动物对陌生人具有很强的警惕性和防范心理，因此在接近动物时要小心谨慎，循序渐进，切不可猝然临近，以免造成人畜伤害。

（1）接近动物前　向畜主了解家畜的性情，有无攻击性行为。观察家畜的神态，根据动物表现确定其是否有攻击意图，应加倍小心。

接近未保定的大动物时，最好从左前侧方缓慢接近，并要打招呼，密切注意动物的反应，如马突然转身、竖耳、喷鼻或后踢等行为，牛的侧踢、低头怒视及尾巴翘起等行为，即便动物在保定栏内，也要注意。

（2）接近动物时　首先要求畜主在旁边协助保定。检查人员用手轻轻抚摸家畜的颈侧或臀部，待其安静后，再进行检查。

（3）检查动物时　学生应轮流对马、牛和羊的检查方法进行反复实践，在检查前，先由教师示范基本动作，一手放于家畜的肩部或髋结节部，一旦家畜强烈抵抗，即可作为支点向对侧推动并迅速离开，以防意外的发生，确保人畜安全。

2. **动物的保定**　本次实验主要采用物理保定法。

（1）马的保定

1）鼻捻棒保定　方法见"第一章　兽医临床诊断学实验基本操作"。

2）耳夹保定　方法见"第一章　兽医临床诊断学实验基本操作"。

3）前肢提举法（以提举右侧前肢为例）　方法见"第一章　兽医临床诊断学实验基本操作"。

4）后肢提举（以提举左后肢为例）　方法见"第一章　兽医临床诊断学实验基本操作"。

（2）牛的保定

1）徒手保定法　　方法见"第一章　兽医临床诊断学实验基本操作"。

2）牛鼻钳保定法　　方法见"第一章　兽医临床诊断学实验基本操作"。

3）两后肢保定法　　方法见"第一章　兽医临床诊断学实验基本操作"。

4）角柱保定　　方法见"第一章　兽医临床诊断学实验基本操作"。

5）倒牛保定　　用长约10m的保定绳一根，一端以活结固定在颈基部侧面，游离部分向后引至胸部时，绕胸背一周，于肩后交扭，再向后引到腹部，绕腰腹一周，于胁窝处交扭。然后将两绳圈逐个抽紧，一人牵缰绳向前拉牛，2~3人向后用力拉紧绳头，牛即倒卧。倒卧后，继续拉紧后躯的保定绳，牛则不能站起。

（3）柱栏保定　　本次实验以马和牛的六柱栏保定为例，先由教师进行示范，然后由学生进行轮流实操。方法见"第一章　兽医临床诊断学实验基本操作"。

（4）羊的保定

1）头颈部保定　　方法见"第一章　兽医临床诊断学实验基本操作"。

2）侧卧保定　　方法见"第一章　兽医临床诊断学实验基本操作"。

【思考题】

1）简述接近动物时的注意事项。

2）试分析动物保定对临床检查的意义。

实验二　临床基本诊断法

【实验目的】

掌握马、牛和羊临床基本诊断法（问诊、视诊、触诊、叩诊、听诊及嗅诊）及注意事项、基本诊断法的应用范围。理解6种基本诊断方法对疾病诊疗的意义。

【实验用品】

1. 实验动物　　马1匹、牛2头、羊2只。

2. 仪器和用具　　叩诊器、听诊器、鼻捻棒、耳夹、牛鼻钳、10m保定绳。

【实验步骤】

1. 问诊　　问诊是通过询问的方式向畜主了解患病动物有关发病基本信息，为临床其他检查提供线索。在进行问诊实习过程中，可先由教师将问诊主要内容（病例基本信息、主诉病史和发病情况）向学生作演示性操作，然后以翻转课堂的形式，由学生实验小组间进行问诊实习。

2. 视诊　　视诊分为直接视诊和间接视诊。本次实习主要用直接视诊法让学生了解视诊的主要方法、流程和注意事项。教师可先演示直接视诊在马、牛和羊的方法和流程，并在演示过程中，介绍各环节需要注意的问题，再由学生分组进行视诊实习。具体方法见"第一章　兽医临床诊断学实验基本操作"。

3．触诊　　触诊是用手感知动物病变部位的温度、湿度、弹性、形状、大小、敏感性等，用以判断疾病的性质。本次实习要求学生了解和掌握体表触诊和深部触诊的方法和注意事项。在进行触诊实习时，可先由教师将体表触诊和深部触诊的方法向学生作演示性操作，尤其是深部触诊的三种方法（按压触诊法、冲击触诊法和切入触诊法）作具体操作和讲解，然后由学生实验小组进行触诊实习。具体方法见"第一章　兽医临床诊断学实验基本操作"。

4．叩诊　　叩诊是敲打动物体表某一部位，根据产生音响的性质，来推断内部器官的病理变化或某器官的投影轮廓。在进行叩诊实习时，可先由教师将指指叩诊法与槌板叩诊法的方法向学生作演示性操作，尤其是对叩诊器的使用及叩诊音的特性作详细说明，然后由学生实验小组进行叩诊实习。具体方法见"第一章　兽医临床诊断学实验基本操作"。

5．听诊　　听诊是听取病畜某些器官在活动过程中发出的声音，借以判断病理变化的方法。心血管系统、呼吸系统、消化系统、运动系统等均可进行听诊，用以判断其功能状态。

在进行听诊实习时，可先由教师将直接听诊和间接听诊的方法和注意事项向学生作演示性操作，尤其是对听诊器的使用及听诊音的特点作详细说明，然后由学生实验小组进行听诊实习。具体方法见"第一章　兽医临床诊断学实验基本操作"。

6．嗅诊　　动物在生理或病理过程中均会产生气味，异常气味多来自皮肤、黏液、呼吸道、呕吐物、排泄物、脓液等病理产物。通过嗅诊可判断发自病畜的异常气味与疾病的相关性。

在进行嗅诊实习时，可先由教师将嗅诊的方法和注意事项向学生作演示性操作，尤其是将常见异常气味的特点作详细说明，然后由学生实验小组进行嗅诊实习。具体方法见"第一章　兽医临床诊断学实验基本操作"。

【思考题】

1）视诊为什么处于"六诊"之首？
2）问诊时有哪些注意事项？

实验三　一般检查

【实验目的】

掌握马、牛和羊三种动物体态、被毛和皮肤、眼结膜、浅表淋巴结检查内容、方法及注意事项。

【实验用品】

1．实验动物　　马1匹、牛2头、羊2只。

2. 仪器和用具 卷尺、鼻捻棒、耳夹、牛鼻钳、10m保定绳。

【实验步骤】

所有实习均先由教师将检查方法和注意事项向学生作演示性操作，然后由学生实验小组进行分组实习。

1. 体态检查 着重观察马、牛和羊的精神状态、体格发育、营养状况、姿势和步态。

（1）精神状态 在实习过程中，通过给予声音、光照等外界环境刺激观察实验动物反应情况来判定精神状态。注意观察马、牛和羊的面部表情，健康动物姿势自然，动作敏捷而协调，反应灵活。具体方法见"第一章 兽医临床诊断学实验基本操作"。

（2）体格发育 教师介绍马、牛、羊的躯干部分及各部分的大致比例，必要时可进行体尺测量。具体方法见"第一章 兽医临床诊断学实验基本操作"。

（3）营养状况 通过视诊和触诊了解实验用马、牛和羊的营养水平，并根据评定指标来对其进行描述。具体方法见"第一章 兽医临床诊断学实验基本操作"。

（4）姿势 教师通过讲解马、牛和羊在健康状态的姿势特征，让学生了解有无异常姿势及强迫姿势。具体方法见"第一章 兽医临床诊断学实验基本操作"。

（5）步态 在此环节，考量时可牵拉马、牛和羊做定向运动，并为学生讲解观察要点，并注意有无跛行及其他异常步态。具体方法见"第一章 兽医临床诊断学实验基本操作"。

2. 皮肤检查 马、牛或羊保定后，可用视诊、触诊及嗅诊三种方法进行检查。

（1）被毛状态 注意被毛的光泽度、清洁度、完整性和被毛的牢固程度。要注意生理现象（每年春、秋两季节适时脱换新毛）。

1）患病动物被毛粗乱，失去光泽，易脱落或换毛季节推迟。皮肤病引起的脱毛最为常见，常见于螨病或真菌感染。

2）要注意被毛的污染情况，尤其要注意容易污染的部位，如体侧、肛门或阴门等部位。

（2）皮肤温度 通过对马、牛和羊的皮肤温度检查，以测定其全身体表的温度是否均一。具体方法见"第一章 兽医临床诊断学实验基本操作"。

（3）皮肤弹性 临床上常把皮肤弹性降低作为判定脱水的指标之一。通常以一手将皮肤做成皱襞而试验之。观察马、牛和羊皮肤被抓出皱襞后的恢复情况，确定其皮肤弹性。具体方法见"第一章 兽医临床诊断学实验基本操作"。

（4）皮肤感觉 可用手或针刺观察皮肤抖动情况和动物反应。具体方法见"第一章 兽医临床诊断学实验基本操作"。

（5）皮肤病理变化 视诊和触诊检查皮肤有无病理变化，着重检查皮下组织的性状、硬度、温度、活动性及敏感性。具体方法见"第一章 兽医临床诊断学实验基本操作"。

3. 眼结膜检查 眼结膜检查时，教师先通过演示让学生了解结膜检查方法、注意事项及常见结膜变化的特征，然后学生分组进行实习。

（1）马的眼结膜检查 具体方法见"第一章 兽医临床诊断学实验基本操作"。

（2）牛的眼结膜检查 具体方法见"第一章 兽医临床诊断学实验基本操作"。

（3）羊的眼结膜检查　　具体方法见"第一章　兽医临床诊断学实验基本操作"。

4. 浅表淋巴结检查　　浅表淋巴结检查时，教师先通过演示让学生了解常检查的浅表淋巴结名称及其位置、注意事项及常见淋巴结检查的内容（大小、形状、硬度、温度、表面结构、敏感性与可移动性），然后学生分组进行实习。

（1）马常检查的浅表淋巴结　　下颌淋巴结、肩前淋巴结、膝上淋巴结和腹股沟浅淋巴结。具体方法见"第一章　兽医临床诊断学实验基本操作"。

（2）牛、羊常检查的浅表淋巴结　　下颌淋巴结、肩前淋巴结、乳房上淋巴结和腹股沟浅淋巴结。具体方法见"第一章　兽医临床诊断学实验基本操作"。

【思考题】

1）整体状态检查对于疾病诊断有何意义？
2）导致动物脱毛的原因有哪些？
3）淋巴结检查对动物疾病诊断有何意义？
4）可视黏膜的颜色病理变化有哪些？有何诊断意义？

实验四　体温、脉搏和呼吸数的测定

【实验目的】

掌握动物体温、脉搏和呼吸数测定方法，以及注意事项。

【实验用品】

1. **实验动物**　　马 1 匹、牛 2 头、羊 2 只。
2. **仪器和用具**　　温度计、鼻捻棒、耳夹、牛鼻钳。
3. **药品**　　酒精棉球、石蜡。

【实验步骤】

所有实习项目均先由教师将检查方法和注意事项向学生作演示性操作，然后由学生实验小组进行分组实习。

1. 脉搏频率（P）的测定　　测定每分钟的脉搏次数，以次/min 表示。不同种属动物脉搏测定的部位不同。

（1）马脉搏检查　　检查部位：颌外动脉。具体方法见"第一章　兽医临床诊断学实验基本操作"。

（2）牛脉搏检查　　检查部位：尾动脉。具体方法见"第一章　兽医临床诊断学实验基本操作"。

（3）羊脉搏检查　　检查部位：后肢内侧股动脉。具体方法见"第一章　兽医临床诊断学实验基本操作"。

2. 呼吸频率（R）的测定　　测定每分钟的呼吸次数，以次/min 表示。具体方法见

"第一章　兽医临床诊断学实验基本操作"。

3．体温（T）的测定　　以直肠温度而言，用兽用体温计插入直肠检查 3～5min，以℃表示。具体方法见"第一章　兽医临床诊断学实验基本操作"。

【思考题】

1）体温、脉搏和呼吸数三者之间有何内在联系？
2）简述体温测定的步骤。

实验五　心血管系统的临床检查

【实验目的】

1）掌握心脏的视、触、叩、听诊的部位、方法及正常状态，区别第一与第二心音。
2）掌握不同动物脉搏触诊方法及正常状态。
3）播放异常心音录音，初步辨别奔马律和心杂音。

【实验用品】

1．实验动物　　马 1 匹、牛 2 头、羊 2 只。
2．仪器和用具　　听诊器、叩诊器、鼻捻棒、耳夹、牛鼻钳。

【实验步骤】

所有实习项目均先由教师将检查方法和注意事项向学生作演示性操作，然后由学生实验小组进行分组实习。

1．心脏的检查
（1）心搏动的视诊　　具体方法见"第一章　兽医临床诊断学实验基本操作"。
（2）心脏的叩诊　　用锤板叩诊法进行叩诊检查，教师在示教过程中，应将不同动物叩诊区边界的确定方法介绍清楚，可在示教过程中，以叩诊音的变化，让学生了解叩诊区。具体方法见"第一章　兽医临床诊断学实验基本操作"。
（3）心音的听诊　　用听诊器进行间接听诊。教师在示教过程中，详细介绍第一心音和第二心音的区别。具体方法见"第一章　兽医临床诊断学实验基本操作"。

2．脉管的检查
（1）动脉脉搏的检查　　马常检查颌外动脉，牛常检查尾动脉，羊常检查股内动脉。各种动物脉搏检查的指法是相同的。具体方法见"第一章　兽医临床诊断学实验基本操作"。
（2）浅在静脉的检查　　主要检查颈静脉或胸外静脉。

【思考题】

1）心音形成机理是什么？
2）如何鉴别第一心音和第二心音？

实验六 呼吸系统的临床检查

【实验目的】

1）掌握正常呼吸运动的观察方法，以及上呼吸道，包括鼻腔、副鼻窦、喉和气管的临床检查方法。

2）掌握马、牛胸部叩诊技术，熟悉肺脏的正常叩诊区和叩诊音。

3）掌握家畜肺部听诊的方法，并熟悉各种家畜的正常肺呼吸音。

【实验用品】

1．实验动物　马1匹、牛2头、羊2只。

2．仪器和用具　听诊器、叩诊器、鼻捻棒、耳夹、牛鼻钳。

【实验步骤】

所有实习项目均先由教师将检查方法和注意事项向学生作演示性操作，然后由学生实验小组进行分组实习。

1．胸廓的检查

（1）胸廓视诊　具体方法见"第一章　兽医临床诊断学实验基本操作"。

（2）胸廓触诊　具体方法见"第一章　兽医临床诊断学实验基本操作"。

2．呼吸运动的检查

（1）呼吸数测定　动物在安静站立的状态下，按照胁部的起伏运动计算每分钟的呼吸次数。在冬季尚可观察从鼻孔呼出的气流来计数。计算2～3min，而后求其每分钟的平均次数，以次/min表示。

（2）呼吸类型检查　检查者位于动物后侧方，观察吸气与呼气时胸廓与腹壁起伏动作的协调性和动作，以此判断是否是健康的呼吸方式。马、牛和羊呈胸腹式呼吸，即在呼吸时，胸壁和腹壁的动作很协调，强度大致相等。具体方法见"第一章　兽医临床诊断学实验基本操作"。

（3）呼吸节律检查　检查者位于被检动物侧方，观察每次呼吸动作的强度、间隔时间是否均等。健康动物在吸气后紧随呼气，经短时间休息后，再行下次呼吸。每次呼吸的时间间隔和强度大致均等。

3．上呼吸道的检查

（1）鼻液检查　具体方法见"第一章　兽医临床诊断学实验基本操作"。

（2）鼻黏膜检查　马可分别采用单手检查法和双手检查法进行检查，牛和羊可采用将头抬起，对着光源进行视诊检查的方法。具体方法见"第一章　兽医临床诊断学实验基本操作"。

4．副鼻窦的检查

（1）额窦的检查　具体方法见"第一章　兽医临床诊断学实验基本操作"。

（2）上颌窦的检查　　具体方法见"第一章　兽医临床诊断学实验基本操作"。

5. 喉和气管的检查　　利用视诊和触诊判定喉部的形态，注意有无病理变化。再利用听诊，听取喉及气管呼吸音的变化。具体方法见"第一章　兽医临床诊断学实验基本操作"。

6. 咳嗽的检查　　利用人工诱咳法观察有无咳嗽反应。具体方法见"第一章　兽医临床诊断学实验基本操作"。

7. 肺部听诊　　采用直接听诊和间接听诊两种方法进行肺部听诊。具体方法见"第一章　兽医临床诊断学实验基本操作"。

【思考题】

1）肺区叩诊对于肺脏疾病的诊断有何意义？
2）试述肺部异常叩诊音种类及临床意义。

实验七　马属动物消化系统临床检查

【实验目的】

1）掌握马属动物的开口法及口腔检查技术。
2）了解马属动物咽及食道的检查方法；掌握马腹部及胃肠检查方法。

【实验用品】

1. 实验动物　　马1匹。
2. 仪器和用具　　听诊器、开口器、鼻捻棒、耳夹。

【实验步骤】

所有实习项目均先由教师将检查方法和注意事项向学生作演示性操作，然后由学生实验小组进行分组实习。

1. 饮食状态检查　　通过视诊观察马有无饮食的需求，有无采食障碍、咀嚼障碍、吞咽障碍、呕吐等现象。具体方法见"第一章　兽医临床诊断学实验基本操作"。

2. 口腔检查
（1）外部检查　　主要通过视诊检查马口唇部状态。具体方法见"第一章　兽医临床诊断学实验基本操作"。
（2）口腔内部检查　　采用马单手开口法和马双手开口法检查口腔黏膜的温度、湿度、色泽、气味、完整性、有无异物刺入、舌和牙齿的状况。具体方法见"第一章　兽医临床诊断学实验基本操作"。

3. 咽部检查　　采用外部视诊和触诊检查咽部有无异常。具体方法见"第一章　兽医临床诊断学实验基本操作"。

4. 食管检查　　通常以视诊、触诊和探诊检查食管有无异常。具体方法见"第一章　兽医临床诊断学实验基本操作"。

5. 腹部检查

（1）腹部的视诊和触诊　　具体方法见"第一章　兽医临床诊断学实验基本操作"。

（2）马的胃肠检查　　以听诊器听取马肠管音。具体方法见"第一章　兽医临床诊断学实验基本操作"。

【思考题】

1）为什么肠管检查是马属动物临床检查最重要的内容？

2）听诊时病理性肠音包括哪几方面，各有什么特征？

实验八　反刍动物消化系统临床检查

【实验目的】

掌握反刍动物瘤胃、网胃、瓣胃和皱胃检查部位及检查方法。

【实验用品】

1. 实验动物　　牛 2 头、羊 2 只。

2. 仪器和用具　　听诊器、叩诊器、开口器、牛鼻钳。

【实验步骤】

所有实习项目均先由教师将检查方法和注意事项向学生作演示性操作，然后由学生实验小组进行分组实习。

1. 瘤胃检查　　视诊观察牛、羊左肷窝部情况；触诊感知瘤胃内容物的性状。然后将手掌静置于左肷部，以感知瘤胃蠕动的情况；叩诊听取瘤胃叩诊音区范围；以听诊器在牛、羊左肷部进行间接听诊，以判定瘤胃蠕动音的次数、强度和持续时间。具体方法见"第一章　兽医临床诊断学实验基本操作"。

2. 网胃检查　　主要以触诊检查有无疼痛反应。具体方法见"第一章　兽医临床诊断学实验基本操作"。

3. 瓣胃检查　　以听诊器在牛、羊右侧第 7～10 肋骨部沿肩端水平线上下 3cm 处听取瓣胃音。具体方法见"第一章　兽医临床诊断学实验基本操作"。

4. 皱胃检查　　触诊右肋弓区第 9～11 肋骨与肋软骨连接处，用指尖或拳头强力按压或顶压，体会其硬度及敏感性。冲击触诊时判断有无击水音。听诊牛、羊皱胃蠕动音的次数、强度和持续时间。具体方法见"第一章　兽医临床诊断学实验基本操作"。

5. 肠管检查　　视诊检查腹围大小；触诊检查肠内容物性状；听诊检查肠蠕动音大小；叩诊听取有无鼓音、金属音等。具体方法见"第一章　兽医临床诊断学实验基本操作"。

【思考题】

1）为什么前胃检查是牛临床检查中最重要的内容？

2）反刍动物瘤胃臌气具有哪些临床特征？
3）怎样诊断瘤胃积食？
4）如何确定反刍动物发生了真胃变位？

实验九　胃管投送技术

【实验目的】

掌握胃管的投送技术及胃管在食管中或气管中的判断方法。

【实验用品】

1．实验动物　　马1匹、牛2头。
2．仪器和用具　　胃管、鼻捻棒、耳夹、牛鼻钳。
3．药品　　液体石蜡。

【实验步骤】

所有实习项目均先由教师将检查方法和注意事项向学生作演示性操作，然后由学生实验小组进行分组实习。

1．胃管的选择与准备　　性情温顺的马、牛牵入六柱栏内由助手保定头部。性情不驯的马、牛用绳将其笼头拴紧于六柱栏。

使用马、牛胃管。胃管使用前要洗净并用热水泡软，使用前涂上液体石蜡。经鼻道或口腔投放胃管。具体方法见"第一章　兽医临床诊断学实验基本操作"。

2．胃管在食管中或气管中的判断方法　　选择1～2种胃管在食管中或气管中的判断方法便可正确判定，但在实习过程中，为了帮助学生了解和掌握所有鉴别要点，教师可将所有鉴别方法全部进行演示示教。

【思考题】

1）胃管投送有何临床意义？
2）如何鉴别胃管在食管还是在气管内？

实验十　直肠检查

【实验目的】

正确掌握马、牛直肠检查的操作要领，学会鉴别腹腔后三分之一和骨盆腔几个主要脏器的正常位置和形状。

【实验用品】

1．实验动物　　马1匹、牛2头。

2．仪器和用具　　鼻捻棒、耳夹、长塑料手套。
3．药品　　液体石蜡。

【实验步骤】

所有实习项目均先由教师将检查方法和注意事项向学生作演示性操作，然后由学生实验小组进行分组实习。

1．检查前准备　　剪短并磨平指甲，做好个人防护，戴长塑料手套，并对待检动物的状态进行检查，避免因肠道臌气或心脏衰弱影响检查。

2．检查方法
（1）动物保定　　马采用六柱栏保定，但不要装置后带，可装置腹带，加压肩带。
（2）操作方法　　按规定要求进行检查。具体方法见"第一章　兽医临床诊断学实验基本操作"。
（3）检查顺序　　临床上习惯的检查顺序：肛门→直肠→骨盆腔→膀胱→小结肠→左下大结肠和骨盆曲→腹主动脉→左肾→脾→前肠系膜动脉根→十二指肠、胃、盲肠→胃状膨大部→回肠。具体方法见"第一章　兽医临床诊断学实验基本操作"。

【思考题】

1）在兽医临床上，什么情况下需要进行直肠检查？
2）直肠检查具有哪些临床意义？

实验十一　泌尿系统检查

【实验目的】

掌握肾脏、膀胱及排尿姿势检查。

【实验用品】

1．实验动物　　马1匹、牛2头、羊2只。
2．仪器和用具　　叩诊器、鼻捻棒、耳夹、牛鼻钳。
3．药品　　液体石蜡。

【实验步骤】

所有实习项目均先由教师将检查方法和注意事项向学生作演示性操作，然后由学生实验小组进行分组实习。

1．肾脏检查
（1）检查部位　　首先确定马、牛和羊肾脏的位置。具体方法见"第一章　兽医临床诊断学实验基本操作"。
（2）检查方法　　视诊检查动物有无拱腰、水肿等病理变化；外部触诊可用双手在腰肾区捏压或用拳敲击或压迫肾区（亦可进行叩诊），观察有无疼痛反应等变化；直肠检查肾脏大小、形状、硬度、敏感性及表面是否光滑等。

2. 膀胱检查

（1）检查部位　　马、牛膀胱位于盆腔底部，直肠内进行触诊。羊膀胱位于耻骨前方腹腔底部。具体方法见"第一章　兽医临床诊断学实验基本操作"。

（2）检查方法　　马、牛只能作直肠检查，注意其位置、大小、充盈度、紧张度及有无压痛等。羊可采用仰卧姿势，用一手在腹中线处由前向后触诊，也可用两手分别由腹部两侧，逐渐向体中线压迫，以感觉膀胱。具体方法见"第一章　兽医临床诊断学实验基本操作"。

3. 排尿姿势检查

（1）排尿姿势检查　　具体方法见"第一章　兽医临床诊断学实验基本操作"。

（2）排尿次数和尿量检查　　具体方法见"第一章　兽医临床诊断学实验基本操作"。

【思考题】

排尿障碍检查对泌尿系统疾病的诊断有何价值？

实验十二　生殖系统临床检查

【实验目的】

掌握家畜外生殖器检查方法、乳房炎的诊断方法。

【实验用品】

1. 实验动物　　马1匹、牛2头、羊2只。

2. 仪器和用具　　阴道开张器、鼻捻棒、耳夹、牛鼻钳。

【实验步骤】

所有实习项目均先由教师将检查方法和注意事项向学生作演示性操作，然后由学生实验小组进行分组实习。

1. 公畜外生殖器检查

（1）阴囊检查　　视诊检查阴囊有无肿大、表面是否光滑；触诊检查有无压痛、有无压痕。如有波动感，可怀疑阴囊积液，必要的时候进行穿刺鉴定，如血色液体，提示外伤、肿瘤和阴囊水肿。如阴囊有软坠感，并伴有疼痛感，同时阴囊皮肤温度降低，有冰凉感，肿物可还纳，可怀疑阴囊疝。

（2）睾丸检查　　睾丸检查应注意睾丸的大小、形状、温度，以及有无疼痛反应、有无隐睾等。

视诊主要检查阴囊是否肿大；触诊检查时触压睾丸，检查局部有无压痛和增温，表面结构是否光滑，睾丸有无肿胀，如有上述症状，并伴有病畜精神沉郁、食欲减退、体温升高、后肢外展、运步障碍，可怀疑睾丸炎。

（3）精索检查　　主要应用触诊检查。触诊到一侧或两侧精索断端，如发现大小不一、坚硬的肿块，有明显的压痛感和运步障碍，加之有去势这一既往病史，可怀疑精索硬肿。

（4）包皮检查　　视诊和触诊检查，主要观察有无排尿障碍、包皮炎等。

（5）阴茎检查　　视诊检查从尿道内是否有流血排脓、有无排尿障碍；触诊检查有无疼痛感。

2. 母畜外生殖器检查　　母畜生殖器包括卵巢、输卵管、子宫、阴道和阴门，其外生殖器主要指阴道和阴门。

（1）阴门检查　　具体方法见"第一章　兽医临床诊断学实验基本操作"。

（2）阴道检查　　阴道检查需借助阴道开张器扩张阴道，并注意观察阴道黏膜的颜色、湿度、有无损伤和炎症。

3. 乳房的检查　　检查方法主要用视诊和触诊，并注意检查乳汁的性状。

（1）检查方法　　视诊检查应注意乳房大小、形状，乳房和乳头的皮肤颜色，有无发红、橘皮样变、外伤、血管隆起、结节及脓疱等。如乳房皮肤出现疹疱、脓疱及结节，多为痘疹、口蹄疫的症状。患乳房炎时，乳房肿胀，乳头红肿，乳房静脉怒张，乳汁理化性质往往发生改变；触诊乳房皮肤厚薄和软硬时，将皮肤捏成皱襞检验；检查乳房时，要细致谨慎，主要检查有无脓肿、硬结部位的大小、有无波动及疼痛程度，要注意炎症部位有无肿胀、发硬、疼痛反应。检查乳房淋巴结时，应注意乳房上淋巴结是否肿大，挤奶是否通畅。如有上述症状，且乳汁浓稠，内含絮状物或纤维蛋白性凝块、浓汁或带血，则应先考虑乳房炎。乳房淋巴结硬、肿、无热无痛，也见于乳房结核。乳房表面出现丘疹、急性炎症及反应明显，甚至有波动感，见于乳房脓肿。

（2）乳汁感官检查　　新鲜的牛奶呈乳白色或略带淡黄色的均匀胶态流体，无沉淀、无凝块、无杂质，具有新鲜牛奶固有的香味和滋味，无异味。

检查时，可将四个乳区的乳汁分别挤入手心或盛于器皿内进行观察，注意观察乳汁颜色、黏稠度和性状。如乳汁浓稠且内含絮状物或纤维蛋白性凝块、脓汁或带血，多为乳房炎的重要特征，必要时送实验室进行乳汁的理化检验和显微镜检查。

【思考题】

乳房炎是奶牛最常见的疾病，也是影响奶牛产奶最主要的疾病，临床上应该采取哪些检查方法或预防措施确保奶牛乳房的健康？

实验十三　神经系统临床检查

【实验目的】

掌握家畜神经系统临床检查的方法和诊断要点。

【实验用品】

1．实验动物　　马 1 匹、牛 2 头、羊 2 只。
2．仪器和用具　　鼻捻棒、耳夹、牛鼻钳。

【实验步骤】

所有实习项目均先由教师将检查方法和注意事项向学生作演示性操作，然后由学生实验小组进行分组实习。

1．皮肤感觉检查　　动物的感觉除视、嗅、听、味觉外，还包括皮肤的痛觉、触觉，肌肉感觉、关节感觉和内脏感觉。当感觉径路发生病变时，其兴奋性增高，对刺激的传送力增强，轻微刺激可引起强烈反应，称为感觉过敏；当感觉径路有毁坏性病变，传送力丧失时，对刺激的反应减弱或消失。具体方法见"第一章　兽医临床诊断学实验基本操作"。

2．深部感觉检查　　主要通过人为地使家畜四肢处于不自然的姿势，当人为动作除去后，观察动物恢复正常状态的时间和反应性。具体方法见"第一章　兽医临床诊断学实验基本操作"。

3．反射机能检查

（1）耳反射　　具体方法见"第一章　兽医临床诊断学实验基本操作"。
（2）鬐甲反射　　具体方法见"第一章　兽医临床诊断学实验基本操作"。
（3）肛门反射　　具体方法见"第一章　兽医临床诊断学实验基本操作"。
（4）咳嗽反射　　具体方法见"第一章　兽医临床诊断学实验基本操作"。
（5）眼反射　　具体方法见"第一章　兽医临床诊断学实验基本操作"。
（6）瞳孔反射　　具体方法见"第一章　兽医临床诊断学实验基本操作"。
（7）腱反射　　具体方法见"第一章　兽医临床诊断学实验基本操作"。
（8）蹄冠反射　　具体方法见"第一章　兽医临床诊断学实验基本操作"。
（9）会阴反射　　具体方法见"第一章　兽医临床诊断学实验基本操作"。
（10）腹壁反射　　具体方法见"第一章　兽医临床诊断学实验基本操作"。

4．运动机能的检查　　动物的运动是在大脑皮层的控制下，由运动中枢和传导径及外周神经元等部分共同完成的。健康动物运动协调且有一定的规律。运动机能检查，临床上除进行外科检查外，主要应注意有无强迫运动、共济失调、不随意运动和瘫痪等。

（1）强迫运动　　强迫运动是不受意识支配和外界因素影响，强制发生的一种不自主运动。检查时，应将病畜缰绳、鼻绳等松开，任其自由活动，方能客观地观察其运动情况。

1）回转运动：病畜按一定方向做圆圈运动。圆圈的直径不变者称为圆圈运动或马场运动；以一肢为中心，其余三肢围绕这一肢在原地转圈者称为时针运动。可见于脑炎、脑脓肿、一侧性脑室积水、李斯特菌病等。牛、羊感染脑包虫也可发生回转运动。

2）盲目运动：病畜无目的地徘徊，不注意周围事物，对外界刺激缺乏反应。有时不断前进直至遇到障碍物时，头抵障碍物不动。可能由脑部炎症导致大脑皮层额叶或小脑等局部病变或机能障碍引起。

3）暴进及暴退：不顾障碍物，头高举或沉下，常步或速步跟跑地向前狂奔，甚至跌入沟塘而不躲避,称为暴进。头颈后仰,颈肌痉挛而连续后退,后退时常颤抖,甚至倒地,称为暴退。暴进见于纹状体或视丘受损伤或视神经中枢被侵害。暴退见于小脑受损、流行性脑脊髓炎、颈肌痉挛等。

4）滚转运动：病畜向一侧冲挤、倾斜、强制卧于一侧,或以身体长轴为轴向一侧打滚,称为滚转运动。可见于迷走神经、听神经、小脑脚周围的病变,使一侧前庭神经受损,从而迷走神经紧张性消失,以致身体一侧肌肉松弛所致。剧烈疼痛也会引发滚转运动,如马疝痛。

（2）共济失调　　动物运动时出现步幅、运动强度和方向均发生异常改变,缺乏节奏性、准确性和协调性。

（3）不随意运动　　不随意运动指病畜意识清醒而不能自行控制肌肉的病态运动。检查时,应注意不随意运动的类型、幅度、频率、发生部位和出现时间等。

痉挛：在病理情况下,肌肉发生不随意的收缩。

1）阵发性痉挛。搐搦（惊厥）：全身性的阵发性痉挛,且肌肉收缩快而强。见于低血钙、低镁症、高热性的疾病、尿毒症、青草搐搦。

颤搐（纤维性震颤）：个别肌纤维的轻微收缩,并不引起肢体或关节运动。多从肘肌开始,后延至肩、颈和躯干部肌肉。见于牛的创伤性心包炎、酮血症、急性败血症等疾病。

震颤：由相互拮抗的肌肉产生的快速、有节律、交替而不太强地收缩的颤抖现象。见于衰竭、中毒、脑炎及脊髓疾病。

2）强直性痉挛。特征：肌肉长时间均等地持续收缩现象,常发生于一定的肌群,由大脑皮层功能受抑制,基底神经节受损伤,或脑干、脊髓的低级运动中枢受刺激引起。见于破伤风、士的宁中毒、脑炎等。

（4）瘫痪（麻痹）　　动物骨骼肌的随意运动能力减弱或丧失。轻瘫或不全麻痹：随意运动能力减弱。

5．植物性神经系统机能检查（反射检查法）

（1）眼-心反射　　具体方法见"第一章　兽医临床诊断学实验基本操作"。

（2）耳-心反射　　具体方法见"第一章　兽医临床诊断学实验基本操作"。

【思考题】

1）什么情况下应该检查动物的反射机能？
2）检查神经系统有何诊断意义？

实验十四　采血技术

【实验目的】

熟悉动物采血部位,掌握采血技术。

【实验用品】

1．实验动物　　马1匹、牛2头、羊2只。

2．仪器和用具　　剪毛剪、真空采血管、采血针、鼻捻棒、耳夹、牛鼻钳。

3．药品　　5%碘酊、酒精棉球、消毒干棉球。

【实验步骤】

1．马颈静脉采血

1）马在六柱栏内保定，使其头部稍前伸并稍偏向对侧。

2）马颈静脉局部剪毛、消毒。

3）看清颈静脉后，采血者用左手拇指（或食指与中指）在采血部位稍下方（近心端）压迫静脉血管，使颈静脉充盈、怒张。

4）右手持采血针头，沿颈静脉沟与皮肤呈45°角，迅速刺入皮肤及血管内，如见回血，即证明已刺入；使针头后端靠近皮肤，以减小其间的角度，近似平行地将针头再插入血管内1~2cm。

5）采血完成后，以干棉球压迫局部并拔出针头，再以5%碘酊进行局部消毒。

注意事项：采血完毕，做好止血工作，即用酒精棉球压迫采血部位止血，防止血流过多。

2．牛颈静脉采血

1）牛采取站立方式保定，助手把牛头的位置抬高并将其颈部稍微偏向一侧，使另一侧的颈静脉沟完全暴露出来，颈静脉位于由臂头肌和胸头肌形成的颈静脉沟内。

2）用一只手的拇指按压颈静脉沟的下1/3处，待颈静脉怒张后，另一只手持针头由近心端向远心端方向呈70°角用腕力迅速刺入颈静脉血管，血液会立即喷射出来，接上针管抽取所需要的血液量即可。

3）若未见回血往往是针头刺入过浅或者针尖贴于血管壁上，往里再推一下针头或者旋转一下针头即可出血。

4）该法操作简单，但要注意采血人员的安全。

3．羊采血技术

1）羊采取骑式站立保定，头稍上仰偏向对侧。

2）采血部位剪毛消毒，露出颈静脉沟。

3）采血者左手拇指或食指与中指压迫颈静脉下端，使颈静脉充分怒张，右手持针头与皮肤呈75°角，用腕力直接刺入颈静脉，血液即可喷出。

4）采血结束，松左手，拔针头，用消毒棉球压迫止血1min。

【思考题】

静脉采血的并发症有哪些？

实验十五　注　射　法

【实验目的】

1）掌握马的皮内注射、皮下注射、肌肉注射、腹腔内注射方法。

2）掌握牛和羊的皮内注射、皮下注射、肌肉注射、气管内注射、胸腔注射、腹腔内注射、瓣胃内注射、瘤胃内注射方法。

【实验用品】

1. 实验动物　马 1 匹、牛 2 头、羊 2 只。
2. 仪器和用具　剪毛剪、注射器、鼻捻棒、耳夹、牛鼻钳。
3. 药品　5%碘酊、酒精棉球、消毒干棉球、生理盐水。

【实验步骤】

1. 药液抽吸法
（1）安瓿内吸取药液的方法　具体方法见"第一章　兽医临床诊断学实验基本操作"。
（2）自密封瓶内吸取药液的方法　具体方法见"第一章　兽医临床诊断学实验基本操作"。
（3）吸取结晶、粉剂或油剂药物的方法　具体方法见"第一章　兽医临床诊断学实验基本操作"。

2. 皮内注射
（1）注射部位　根据不同动物可选在颈侧中部或尾根内侧。
（2）注射方法　具体方法见"第一章　兽医临床诊断学实验基本操作"。

3. 皮下注射
（1）注射部位　马、牛多在颈部两侧；羊在颈侧、背胸侧、肘后或股内侧。
（2）注射方法　具体方法见"第一章　兽医临床诊断学实验基本操作"。

4. 肌肉注射
（1）注射部位　马、牛和羊均可选择在颈侧及臀部，但应避开大血管及神经径路的部位。
（2）注射方法　具体方法见"第一章　兽医临床诊断学实验基本操作"。

5. 气管内注射
（1）注射部位　颈部上 1/3 处，器官腹面正中，两个气管软骨环之间进行注射。
（2）注射方法　具体方法见"第一章　兽医临床诊断学实验基本操作"。注意每次注射药量不宜过多。羊为 3～5mL，马、牛为 20～30mL。

6. 胸腔内注射
（1）注射部位　具体方法见"第一章　兽医临床诊断学实验基本操作"。
（2）注射方法　具体方法见"第一章　兽医临床诊断学实验基本操作"。

7. 腹腔内注射
（1）注射部位　马、牛和羊均在右侧肷窝部。
（2）注射方法　具体方法见"第一章　兽医临床诊断学实验基本操作"。

8. 瓣胃内注射
（1）注射部位　瓣胃位于右侧第 7～10 肋间，其注射部位在右侧第 9 肋间与肩关节水平线相交点的下方 2cm 处。

（2）注射方法　　具体方法见"第一章　兽医临床诊断学实验基本操作"。

9. 瘤胃内注射

（1）注射部位　　动物六柱栏内保定。注射部位在左侧髂骨外角向最后肋骨所引水平线的中点，距腰椎横突 10cm。

（2）注射方法　　具体方法见"第一章　兽医临床诊断学实验基本操作"。

【思考题】

1）什么情况下才能进行瘤胃穿刺？

2）简述瘤胃内注射和瓣胃内注射的部位及方法。

实验十六　兽医处方的开具与书写

【实验目的】

掌握兽医处方的书写规范，熟悉兽医处方笺的规格，理解兽医处方在疾病诊疗中的作用与意义。

【实验用品】

兽医处方笺。

【实验步骤】

1. 兽医处方笺格式及处方应用规范

（1）处方笺规格　　兽医处方笺规格和样式由农业农村部规定，从事动物诊疗活动的单位应当按照规定的规格和样式印制兽医处方笺或者设计电子处方笺。兽医处方笺规格如下。

1）兽医处方笺一式三联，可以使用同一种颜色纸张，也可使用三种不同颜色纸张。

2）兽医处方笺分为两种规格：小规格为长 210mm、宽 148mm；大规格为长 296mm、宽 210mm。

（2）处方内容　　兽医处方内容包括前记、正文、后记三部分，要符合以下标准。

1）前记：对个体动物进行诊疗的基本信息，至少包括动物主人姓名或动物饲养单位名称、档案号、开具日期和动物的种类、性别、体重、年（日）龄。对群体动物进行诊疗的基本信息，至少包括饲养单位名称、档案号、开具日期和动物的种类、数量、年（日）龄。

2）正文：包括初步诊断情况和报告（Rp）。Rp 应分别列兽药名称、规格、数量、用法和用量等内容；对于食品动物还应当注明休药期。

3）后记：至少包括执业兽医签名或盖章和注册号、发药人签名或盖章。

（3）处方书写要求

1）动物基本信息、临床诊断情况应当填写清晰、完整，并与病例记载一致。

2）字迹清楚，原则上不得涂改；如需修改，应当在修改处签字或盖章，并注明修改日期。

3）兽药名称应当以兽药国家标准载明的名称为准。兽药名称简写或缩写应当符合国内通用写法，不得自行编制兽药缩写名或使用代号。

4）书写兽药规格、数量、用法、用量及休药期应准确规范。

5）兽药处方中包含兽用化学药品、生物制品、中成药的，每种兽药应当另起一行。

6）兽药剂量和数量用阿拉伯数字书写。剂量应当使用法定剂量单位：质量以千克（kg）、克（g）、毫克（mg）、微克（μg）、纳克（ng）为单位；容量以升（L）、毫升（mL）为单位；有效量单位以国际单位（IU）、单位（U）为单位。

7）片剂、丸剂、胶囊剂及单剂量包装的散剂、颗粒剂以 g 或 kg 为单位；单剂量包装的溶液剂以支、瓶为单位，多剂量包装的溶液剂以 mL 或 L 为单位；软膏剂、乳膏剂以支、盒为单位；单剂量包装的注射剂以支、瓶为单位，多剂量包装的注射剂以 mL 或 L 为单位，应当注明含量；兽用中药自拟方应当以剂为单位。

8）开具处方后的空白处应当画一斜线，表示处方完毕。

9）执业兽医师注册号可采用印刷或者盖章方式填写。

（4）处方开具

1）于表头的空白处填写动物诊疗机构的名称。

2）填写患病动物的基本信息，饲养员或主人的相关信息，并注明处方开具日期。

3）给出初步诊断或确诊结果，不能准确诊断的，可写出主要临床表现替代诊断结果。

4）按照处方书写要求，开出处方，特别要注意药物的剂型、剂量和使用方法，其中剂量的书写要符合规范。

5）处方开好后，要据实签名，填写注册号；发药人审核并签字。

（5）处方的保存

1）兽医处方开具后，第一联由从事动物诊疗活动的单位留存，第二联由药房或者兽药经营企业留存，第三联由动物主人或者饲养单位留存。

2）兽医处方由处方开具、兽药核发单位妥善保存二年以上。保存期满后，经动物所在单位主要负责人批准、登记备案，方可销毁。

2. 病历　　门诊及住院病历是记录病畜登记、病史、各项检查结果、病情演变、诊断过程、治疗效果、预后判断和兽医思考过程的医疗文件。

3. 临床病例诊断

（1）患病动物登记

1）通过问诊或检查手段，准确记录患病动物的相关信息，包括动物种类、品种、年龄、体重、数量、性别等。

2）通过问诊的方式，了解动物主人的相关信息，包括姓名、单位、联系方式等。

（2）临床诊断

1）病史调查：询问病史，包括发病的时间、地点，病程的长短，主要症状表现，可能的病因，治疗情况，用药情况及疾病发展趋势等。

2）临床检查：应用基本临床检查方法，如问诊、视诊、听诊、触诊、叩诊和嗅诊，搜集临床症状，并结合病史作出初步诊断。

3）实验室检查：必要时，可作适当的实验室检查，如血常规、尿常规、镜检及快速诊断试纸等，进一步进行确诊。

4）特殊检查：必要时，可进行 X 光、超声或内窥镜等影像设备检查，为进一步确诊提供依据。

【思考题】

1）处方在动物疾病诊疗中有什么作用？

2）制作处方笺并开具规范处方。

第五章　兽医外科学实验指导

实验一　手术器械辨认、使用方法及敷料制作

【实验目的】

1）了解外科常用手术器械及部分骨科器械的种类和使用范围，并能正确辨认。
2）掌握外科常用器械和部分骨科器械的正确使用方法。
3）学会外科常用敷料的制作方法。

【实验用品】

1. 手术器械　手术刀、手术剪、手术镊、止血钳、持针钳、组织钳、肠钳、海绵钳、创巾钳、舌钳、牵开器、探针、缝合针、缝合线、骨钳、骨剪、骨膜剥离器、骨钻、骨锉、骨锤、骨锯、骨凿。

2. 药品　脱脂棉、纱布块。

【实验步骤】

实验过程先由任课教师逐个介绍外科常用手术器械及部分骨科器械的名称、使用范围和正确使用方法，然后按学生分组进行辨认并练习器械的使用；由任课教师介绍外科常用敷料的种类及具体制作方法，然后学生分组练习制作；最后由任课教师提问课堂实习内容并作总结。

1. 普通外科常用器械

（1）手术刀

1）手术刀的识别和装配：具体方法见"第二章　兽医外科学实验基本操作"。
2）手术刀执刀方法练习：主要练习指压式（卓刀式）、执笔式、全握式（抓持式）、反挑式（挑起式）的执刀方法。具体方法见"第二章　兽医外科学实验基本操作"。

（2）手术剪　具体方法见"第二章　兽医外科学实验基本操作"。
（3）手术镊　具体方法见"第二章　兽医外科学实验基本操作"。
（4）止血钳　具体方法见"第二章　兽医外科学实验基本操作"。
（5）持针钳　具体方法见"第二章　兽医外科学实验基本操作"。
（6）组织钳　具体方法见"第二章　兽医外科学实验基本操作"。
（7）肠钳　具体方法见"第二章　兽医外科学实验基本操作"。
（8）海绵钳　具体方法见"第二章　兽医外科学实验基本操作"。
（9）创巾钳　具体方法见"第二章　兽医外科学实验基本操作"。
（10）舌钳　具体方法见"第二章　兽医外科学实验基本操作"。

（11）牵开器　　具体方法见"第二章　兽医外科学实验基本操作"。

（12）探针　　具体方法见"第二章　兽医外科学实验基本操作"。

（13）缝合针　　具体方法见"第二章　兽医外科学实验基本操作"。

（14）缝合线　　具体方法见"第二章　兽医外科学实验基本操作"。

2．骨科手术常用器械　　主要认识和了解骨钳、骨剪、骨膜剥离器、骨钻、骨锉、骨锤、骨锯、骨凿的使用范围及操作方法。具体方法见"第二章　兽医外科学实验基本操作"。

3．实验室棉球、纱布棉球、纱布块的制作

（1）棉球的制作　　实验小组每位同学进行棉球制作的练习，具体方法见"第二章　兽医外科学实验基本操作"。

（2）纱布棉球的制作　　实验小组每位同学进行纱布棉球制作的练习，具体方法见"第二章　兽医外科学实验基本操作"。

（3）纱布块的制作　　实验小组每位同学进行纱布块制作的练习，具体方法见"第二章　兽医外科学实验基本操作"。

【思考题】

1）每种外科常用器械及骨科器械的名称、用途和使用注意事项都是什么？

2）不同外科常用敷料的用途分别是什么？

实验二　术前准备

【实验目的】

1）掌握手术人员的无菌技术，加强无菌意识的重要性。

2）掌握口罩、无菌帽的佩戴方法和无菌手术衣的正确穿法。

3）熟悉手臂的清洗方法，了解手术人员在手术过程中的无菌技术。

【实验用品】

1．仪器和用具　　无菌口罩、无菌帽、一次性手术衣、一次性无菌手套、肥皂、洗手刷。

2．药品　　碘酊棉球、酒精棉球。

【实验步骤】

实验过程先由教师讲解并演示无菌口罩、无菌帽的佩戴方法，手臂的清洗方法，无菌手术衣和无菌手套的正确穿戴方法，然后由学生分组进行练习。教师讲解手术人员在手术过程中的无菌技术及注意事项。

1．更衣　　手术人员在术前应穿着清洁的衣服和套鞋，上衣最好是超短袖衫以充分裸露手臂，并戴好手术帽和口罩。手术帽应把头发全部遮住，要求帽的下缘应达到眉毛之上和耳根顶端；手术口罩应完全遮住口和鼻。对防止手术创发生飞沫感染和滴入感染极为有效。在上述操作之后就可以进行手臂的准备与消毒。

2. 手臂的清洁与消毒

1）在处理手臂之前，先剪指甲，磨平，剪逆刺。手部有创口，尤其有化脓感染创口的不能参加手术。

2）手部有小的新鲜伤口时，如果必须参加手术，应先消毒，暂时用胶布封闭，再进行手的消毒。手术时戴上灭菌手套。

3）常用手臂消毒方法："肥皂刷洗新洁尔灭洗手法"。

4）已消毒好的手臂，可弯曲两臂将两手放在胸前，或用无菌纱布掩盖，避免污染。

3. 穿着无菌手术衣

1）手术衣应是干净而又经过高压灭菌的（目前多用一次性使用的成品）。

2）手术人员在洗手并消毒手臂之后，取出高压灭菌的手术衣穿好，应小心手臂不可接触未经消毒的其他部位。由助手协助在其背后，将衣带或腰带系好。

3）应避免其他任何部分（主要指衣服的外表面）触及未经灭菌的物件，尤其要注意保护手术衣前面的前胸部分。

4. 戴手套

（1）干戴法　在清洗和消毒处理手臂后，用灭菌的干纱布擦干（或涂布少量灭菌的滑石粉）后穿戴。也可以选用一次性无菌手套。

（2）湿戴法　在手套内灌注一些无菌的药液（0.1%新洁尔灭），在溶液的滑润下容易穿戴。

【思考题】

1）术者术前准备的具体步骤有哪些？

2）术者清洗手臂、穿衣戴帽的基本要求是什么？

3）如何才能达到手术过程无菌原则？

实验三　麻　　醉

【实验目的】

1）了解麻醉前检查动物体征的必要性。

2）掌握局部麻醉及全身麻醉的具体操作方法。

3）掌握在动物麻醉过程中及苏醒过程中监护的意义。

【实验用品】

1. 实验动物　　羊 8 只。

2. 仪器和用具　　注射器、体温计、听诊器、灭菌手套、手术衣、口罩、帽子。

3. 药品　　碘酊棉球、酒精棉球、脱脂棉球、盐酸普鲁卡因、盐酸赛拉嗪注射液、盐酸苯噁唑注射液。

【实验步骤】

将实验羊分成4组,先测定每只动物的T、P、R,观察瞳孔反射、疼痛反射等生理指标,并做好记录。

1. 局部麻醉　按顺序分别对实验羊进行如下局部麻醉。
（1）表面麻醉　　具体方法见"第二章　兽医外科学实验基本操作"。
（2）局部浸润麻醉　　具体方法见"第二章　兽医外科学实验基本操作"。
（3）传导麻醉　　具体方法见"第二章　兽医外科学实验基本操作"。
（4）硬膜外腔麻醉　　具体方法见"第二章　兽医外科学实验基本操作"。

2. 全身麻醉　对实验动物进行肌肉注射全身麻醉,从注射开始,每隔5min检测每只动物的T、P、R,观察瞳孔反射、疼痛反射等生理指标,并评估其麻醉效果。具体方法见"第二章　兽医外科学实验基本操作"。

在实验羊苏醒过程中的实时监护并做好急救准备。具体方法见"第二章　兽医外科学实验基本操作"。

【思考题】

1）常见局部麻醉剂及其操作方法有哪些？
2）动物全身麻醉的给药途径和方法有哪些？
3）如何准确判定产生麻醉的时间和临床表现？

实验四　施术动物术前准备

【实验目的】

1）通过对施术动物的术前检查,评估动物对手术的耐受性,并进行相应处理,尽可能使施术动物处于正常生理状态,各项生理指标接近于正常,从而提高动物对手术的耐受力。
2）掌握术部常规准备。

【实验用品】

1. 实验动物　羊8只。
2. 仪器和用具　食管导管、胃肠导管、剃毛刀、剪毛剪、肥皂、输液器、注射器、体温计、听诊器、无菌创巾、创巾钳、灭菌手套、手术衣、口罩、帽子。
3. 药品　2%～5%碘酊、70%～75%乙醇、脱脂棉球、3.5%糖盐水。

【实验步骤】

1. 术前检查及准备
1）检查动物T、P、R。
2）观察动物精神状态,进行血常规、生化分析等检查,综合评定施术动物生理指标,评估动物对手术的耐受性。

3）检查动物胃肠饱和度，必要时进行灌肠，除去多余胃肠内容物。

4）对动物施术部位进行除毛，碘酊消毒，乙醇脱碘，无菌创巾隔离。

2. 动物术前一般准备

（1）全面检查　　非紧急手术时，应根据病畜的具体病情需要，给予术前治疗。

（2）术前处理　　畜体进行清洁、禁食、灌肠或导尿等；可能继发胃肠臌气的疾病，可先内服制酵剂；口腔、食管疾病有时会导致大量分泌物产生，可应用抗胆碱药；四肢末端或蹄部手术，应充分冲洗局部，必要时可以施行局部药浴；术前使用预防性止血药。

3. 术部准备

（1）术部除毛　　术部剪毛（逆毛剪）、剃净（涂肥皂、顺毛剃）。剃毛时避免造成微细创伤。范围：超出切口周围20～25cm，小动物可在10～15cm的范围。

（2）术部消毒　　药物：皮肤消毒最常用药物是2%～5%碘酊和70%～75%乙醇。方法：无菌手术，应由手术区中心向四周涂擦；如是已感染伤口，应由周围涂向中心患处。碘酊涂擦后，必须稍待片刻，以70%～75%乙醇脱碘。

（3）术部隔离　　采用大块有孔手术巾覆盖于术区，仅在中央露出切口部位，使术部与周围完全隔离，然后用创巾钳固定。要求手术巾铺设应准确，一次完成。手术巾一经铺下后，原则上只许自手术区向外移动，不宜向手术区内移动。

【思考题】

1）动物术前准备的主要内容有哪些？

2）术部常规准备的基本操作方法有哪些？

实验五　缝　　合

【实验目的】

1）了解缝合的基本原则。

2）利用动物胃肠及带皮猪肉等离体器官组织进行切开、缝合、打结等基本操作练习，要达到准确和熟练掌握常用各种软组织缝合技术，为进行活体手术打下基础。

【实验用品】

持针钳、剪线剪、手术镊、组织钳、缝合针、缝合线、猪肠管、猪皮、碘酊。

【实验步骤】

教师先示教常用的各种单纯缝合法、内翻缝合法和外翻缝合法，以及剪线和拆线的方法及注意事项。然后学生分组进行实习。

1. 对接缝合

（1）单纯间断缝合　　单纯间断缝合又称为结节缝合，是最古老、最常用的缝合方式。缝合时，将缝针于创缘一侧垂直刺入，于对侧相应的部位穿出，打结。每缝一针，打一次结，创缘要密切对合。用于皮肤、皮下组织、神经、胃肠道等缝合。

（2）单纯连续缝合　　单纯连续缝合是用一条长的缝线自始至终连续地缝合一个切口，最后打结。常用于具有弹性、无太大张力的较长创口。用于皮肤、皮下组织、筋膜、血管、胃肠道缝合。

（3）表皮下缝合　　适用于小动物表皮下缝合。缝合在切口一端开始，针刺入真皮下，再翻转缝针刺入另一侧真皮，在组织深处打结。应用连续水平褥式缝合平行切口。一般选择可吸收性缝合材料。

（4）压挤缝合　　用于肠管吻合的单层间断缝合法。适用于犬猫肠管吻合，也用于大动物肠管吻合。

（5）十字缝合　　缝针从一侧到另一侧穿针，暂不打结，第二针平行第一针从一侧到另一侧穿过切口，缝线的两端在切口上交叉形成十字形，拉紧打结。用于张力较大的皮肤缝合。

（6）连续锁边缝合　　该缝合方法与单纯连续缝合基本相似。在缝合时每次将缝线交锁。多用于皮肤直线形切口及薄而活动性较大的部位缝合。

2. 内翻缝合

（1）伦勃特氏（Lembert）缝合　　又称为垂直褥式内翻缝合。分为间断与连续两种，在胃肠或肠吻合时，用以缝合浆膜肌层。

（2）库兴氏（Cushing）缝合　　又称连续水平褥式内翻缝合。方法是于切口一端开始先作浆膜肌层间断内翻缝合，再用同一缝线平行于切口作浆膜肌层连续缝合至切口另一端。适用于胃、子宫浆膜肌层缝合。

（3）康奈尔氏（Connell）缝合　　这种缝合法与连续水平褥式内翻缝合相同，仅在缝合时缝针要贯穿全层组织，当将缝线拉紧时，则肠管切面即翻向肠腔。多用于胃、肠、子宫壁的缝合。

（4）荷包缝合　　作环状的浆膜、肌层连续缝合。主要用于胃壁上小范围的内翻缝合，如缝合小的胃肠穿孔。还用于子宫、膀胱等引流管的固定缝合。

3. 张力缝合

（1）间断垂直褥式缝合　　针入皮肤，距创缘约8mm，越过切口到相应对侧刺出。缝针翻转在同侧距切口约4mm刺入皮肤，越过切口到相应对侧距切口约4mm刺出皮肤，与另一端缝线打结。

（2）间断水平褥式缝合　　针刺入皮距创缘2～3mm，创缘相互对合，越过切口到对侧相应部位刺出皮肤然后缝线与切口平行向前约8mm，再刺入皮肤，越过切口到相应对侧刺出皮肤，与另一端缝线打结。

（3）近远-远近缝合　　接近创缘垂直刺入皮肤，越过创底，到对侧距切口较远处垂直刺出皮肤。翻转缝针，越过创口到第一针刺入侧，距创缘较远处，垂直刺入皮肤，越过创底，到对侧距创缘近处垂直刺出皮肤，与第一针缝线末端拉紧打结。

4. 剪线和拆线　　正确的剪线方法是术者结扎完毕后，将双线尾提起略偏术者的左侧，助手用稍张开的剪刀尖沿着拉紧的结扎线滑至结扣处，再将剪刀稍向上倾斜，然后剪断，倾斜的角度取决于留线头的长短。

拆线是指拆除皮肤缝线。时间一般为术后 7～10d。当创伤已感染或缝线撕断不起缝合作用时，可根据创伤治疗的需要随时拆除全部或部分缝线。具体操作方法如下。

1）用碘酊消毒创口、缝线及创口周围皮肤后，将线结用镊子轻轻提起，剪刀插入线结下，紧贴针眼将线剪断。

2）拉出的方向应向拆线的一侧，动作要轻巧，强行向对侧硬拉可能会把伤口拉开。

3）再次用碘酊消毒创口及周围皮肤。

【思考题】

1）十五种常用软组织的缝合方法的操作要点是什么。

2）每种缝合方法的优缺点及缝合中的注意事项有哪些？

3）正确的剪线方法和拆线方法如何操作？

实验六　打　　结

【实验目的】

1）熟练掌握外科手术常用的徒手打结方法。

2）熟练掌握外科手术常用的器械打结方法。

【实验用品】

持针钳、缝合针、缝合线。

【实验步骤】

教师先示教常用的平结、三重结和外科结的打法，并对每种结的单手打结、双手打结和器械打结操作进行示范及注意事项的说明。然后学生分组进行实习。

1. 单手打结　　具体方法见"第二章　兽医外科学实验基本操作"。

2. 双手打结　　具体方法见"第二章　兽医外科学实验基本操作"。

3. 器械打结　　具体方法见"第二章　兽医外科学实验基本操作"。

【思考题】

1）结的种类和适用范围是什么？正确结与假结、滑结之间的不同点在哪里？

2）平结、三重结、外科结的打法和适用范围是什么？

实验七　电化教学（手术基础、脑包虫病的发生与摘除手术等）

【实验目的】

1）通过教学录像的观看，熟悉术前准备和术后管理的主要内容，加强灭菌、消毒等无菌技术的主要操作及临床应用，培养良好的无菌素养。

2）熟练外科手术的具体操作方法，巩固麻醉及组织切开、分离、止血、缝合、打结、引流和拆线等操作。

3）养成良好的无菌素养及爱护组织的素养，初步掌握头、颈、胸、腹、去势等手术方法。

【实验用品】

教学录像。

【实验步骤】

逐个观看教学录像并做好笔记。

【思考题】

1）吸入麻醉和非吸入麻醉的原理、操作方法、常用药物分别是什么？各种动物的麻醉特点是什么？

2）手术操作基本技能包括哪些？

3）动物脑包虫病手术的基本操作方法是什么？

实验八　肋骨切除术

【实验目的】

掌握肋骨切除术方法和注意事项。

【实验用品】

1. 实验动物　　羊8只。

2. 仪器和用具　　骨膜剥离器、骨钳、骨剪、骨锉、剃毛刀、肥皂、输液器、注射器、体温计、听诊器、无菌创巾、创巾钳、手术刀、手术剪、止血钳、持针钳、组织钳、缝合针、缝合线、止血纱布、灭菌手套、手术衣、口罩、帽子。

3. 药品　　碘酊棉球、酒精棉球、脱脂棉球、盐酸普鲁卡因、盐酸赛拉嗪注射液、盐酸苯噁唑注射液。

【实验步骤】

1. 麻醉　　肋间神经传导麻醉。

2. 保定　　侧卧位保定。

3. 手术操作

（1）暴露肋骨　　具体方法见"第二章　兽医外科学实验基本操作"。

（2）骨膜剥离　　具体方法见"第二章　兽医外科学实验基本操作"。

（3）肋骨切除　　具体方法见"第二章　兽医外科学实验基本操作"。

（4）缝合　　具体方法见"第二章　兽医外科学实验基本操作"。

4. 术后护理　　具体方法见"第二章　兽医外科学实验基本操作"。

【思考题】

1）肋骨切除术的手术过程中，注意事项都有哪些？
2）剥离骨膜的重要性体现在何处？

实验九　食道切开术

【实验目的】

掌握动物食道切开术的具体操作方法和注意事项。

【实验用品】

1. 实验动物　　羊 8 只。
2. 仪器和用具　　剃毛刀、肥皂、输液器、注射器、体温计、听诊器、无菌创巾、创巾钳、手术刀、手术剪、止血钳、持针钳、组织钳、缝合针、缝合线、止血纱布、灭菌手套、手术衣、口罩、帽子。
3. 药品　　碘酊棉球、酒精棉球、脱脂棉球、盐酸普鲁卡因、盐酸赛拉嗪注射液、盐酸苯噁唑注射液。

【实验步骤】

1. 麻醉　　全身麻醉配合局部麻醉。
2. 保定　　侧卧位保定。
3. 手术操作
（1）术部定位　　具体方法见"第二章　兽医外科学实验基本操作"。
（2）食管暴露　　具体方法见"第二章　兽医外科学实验基本操作"。
（3）食管切开　　具体方法见"第二章　兽医外科学实验基本操作"。
（4）食管缝合　　具体方法见"第二章　兽医外科学实验基本操作"。
4. 术后护理　　具体方法见"第二章　兽医外科学实验基本操作"。

【思考题】

1）术部定位在颈上、颈中和颈下有何不同？
2）在手术过程中，如何避免手术污染？

实验十　瘤胃切开术

【实验目的】

了解反刍动物的解剖生理特点，掌握瘤胃切开术的适应症、手术方法和要领，并灵活应用于其他反刍动物的腹腔手术。

【实验用品】

1. 实验动物 羊 8 只。
2. 仪器和用具 剃毛刀、肥皂、输液器、注射器、体温计、听诊器、无菌创巾、创巾钳、手术刀、手术剪、止血钳、持针钳、组织钳、缝合针、缝合线、止血纱布、灭菌手套、手术衣、口罩、帽子。
3. 药品 碘酊棉球、酒精棉球、脱脂棉球、盐酸普鲁卡因、盐酸赛拉嗪注射液、盐酸苯噁唑注射液。

【实验步骤】

1. 麻醉 手术部位局部浸润麻醉或腰旁神经传导麻醉。
2. 保定 右侧卧保定。
3. 手术操作
（1）术部定位 具体方法见"第二章 兽医外科学实验基本操作"。
（2）腹腔切开 具体方法见"第二章 兽医外科学实验基本操作"。
（3）瘤胃固定 具体方法见"第二章 兽医外科学实验基本操作"。
（4）瘤胃切开 具体方法见"第二章 兽医外科学实验基本操作"。
（5）缝合 具体方法见"第二章 兽医外科学实验基本操作"。
4. 术后护理 具体方法见"第二章 兽医外科学实验基本操作"。

【思考题】

1）四种瘤胃固定法有何特点？
2）术后护理需要注意的问题有哪些？

实验十一 颈静脉切除术

【实验目的】

熟悉颈静脉的解剖部位，掌握颈静脉切除术的适应症及具体操作方法。

【实验用品】

1. 实验动物 羊 8 只。
2. 仪器和用具 剃毛刀、肥皂、输液器、注射器、体温计、听诊器、无菌创巾、创巾钳、手术刀、手术剪、止血钳、持针钳、组织钳、缝合针、缝合线、止血纱布、灭菌手套、手术衣、口罩、帽子。
3. 药品 碘酊棉球、酒精棉球、脱脂棉球、盐酸普鲁卡因、盐酸赛拉嗪注射液、盐酸苯噁唑注射液。

【实验步骤】

1. 麻醉　　手术局部浸润麻醉或全身麻醉。
2. 保定　　侧卧保定。
3. 手术操作
（1）术部定位　　具体方法见"第二章　兽医外科学实验基本操作"。
（2）暴露血管　　具体方法见"第二章　兽医外科学实验基本操作"。
（3）切除血管　　具体方法见"第二章　兽医外科学实验基本操作"。
（4）缝合　　具体方法见"第二章　兽医外科学实验基本操作"。
4. 术后护理　　具体方法见"第二章　兽医外科学实验基本操作"。

【思考题】

术后护理时的注意事项有哪些？

实验十二　气管切开术

【实验目的】

掌握气管切开术的具体操作方法。

【实验用品】

1. 实验动物　　羊8只。
2. 仪器和用具　　剃毛刀、肥皂、输液器、注射器、体温计、听诊器、无菌创巾、创巾钳、手术刀、手术剪、止血钳、持针钳、组织钳、缝合针、缝合线、止血纱布、灭菌手套、手术衣、口罩、帽子。
3. 药品　　碘酊棉球、酒精棉球、脱脂棉球、盐酸普鲁卡因、盐酸赛拉嗪注射液、盐酸苯噁唑注射液。

【实验步骤】

1. 麻醉　　手术部位浸润麻醉。
2. 保定　　侧卧位保定。
3. 手术操作
（1）术部定位　　具体方法见"第二章　兽医外科学实验基本操作"。
（2）暴露气管及切开　　具体方法见"第二章　兽医外科学实验基本操作"。
4. 术后护理　　具体方法见"第二章　兽医外科学实验基本操作"。

【思考题】

1）手术过程的注意事项有哪些？
2）术后护理的注意事项有哪些？

实验十三　肠切开与肠切除术

【实验目的】

掌握肠切开与肠切除术的具体操作方法。

【实验用品】

1. 实验动物　羊 8 只。
2. 仪器和用具　剃毛刀、肥皂、输液器、注射器、体温计、听诊器、无菌创巾、创巾钳、手术刀、手术剪、止血钳、持针钳、组织钳、缝合针、缝合线、无损伤可吸收缝线、止血纱布、灭菌手套、手术衣、口罩、帽子。
3. 药品　碘酊棉球、酒精棉球、脱脂棉球、盐酸普鲁卡因、静松灵。

【实验步骤】

1. 麻醉　静松灵肌注，手术部位盐酸普鲁卡因浸润麻醉。
2. 保定　左侧卧位保定。
3. 手术操作
（1）术部定位　具体方法见"第二章　兽医外科学实验基本操作"。
（2）腹壁切开　具体方法见"第二章　兽医外科学实验基本操作"。
（3）切除肠管　具体方法见"第二章　兽医外科学实验基本操作"。
（4）肠管吻合　具体方法见"第二章　兽医外科学实验基本操作"。
（5）关闭腹腔　具体方法见"第二章　兽医外科学实验基本操作"。
4. 术后护理　具体方法见"第二章　兽医外科学实验基本操作"。

【思考题】

1）手术过程中，需要注意的问题有哪些？
2）术后护理过程中，主要关注哪些指标的变化？

实验十四　腹腔切开术

【实验目的】

掌握腹腔切开术的各种手术通路和关闭腹腔的缝合方法。

【实验用品】

1. 实验动物　羊 8 只。
2. 仪器和用具　剃毛刀、肥皂、输液器、注射器、体温计、听诊器、无菌创巾、创巾钳、手术刀、手术剪、止血钳、持针钳、组织钳、缝合针、缝合线、无损伤可吸收缝线、止血纱布、灭菌手套、手术衣、口罩、帽子。

3．药品　　碘酊棉球、酒精棉球、脱脂棉球、盐酸普鲁卡因、静松灵、阿托品、生理盐水、抗生素。

【实验步骤】

1．麻醉　　静松灵肌注，手术部位盐酸普鲁卡因浸润麻醉，麻醉前皮下注射阿托品2mg。

2．保定　　右侧卧位保定。

3．手术操作

（1）术部定位　　具体方法见"第二章　兽医外科学实验基本操作"。

（2）皮肤切开　　具体方法见"第二章　兽医外科学实验基本操作"。

（3）皮下组织及其他组织分离　　具体方法见"第二章　兽医外科学实验基本操作"。

（4）止血　　具体方法见"第二章　兽医外科学实验基本操作"。

（5）闭合手术通路　　具体方法见"第二章　兽医外科学实验基本操作"。

4．术后护理　　具体方法见"第二章　兽医外科学实验基本操作"。

【思考题】

1）腹壁切开术的适应症主要有哪些？

2）术后护理过程中，主要关注哪些指标的变化？

实验十五　犬、猫剖腹产术

【实验目的】

掌握犬、猫剖腹产术的手术方法和术后护理。

【实验用品】

1．实验动物　　实习医院接诊实施剖腹产的犬或猫。

2．仪器和用具　　剃毛刀、肥皂、输液器、注射器、体温计、听诊器、无菌创巾、创巾钳、止血钳、手术刀、手术剪、止血钳、持针钳、组织钳、茶匙或胆囊勺、缝合针、缝合线、无损伤可吸收缝线、止血纱布、灭菌手套、手术衣、口罩、帽子。

3．药品　　碘酊棉球、酒精棉球、脱脂棉球、静松灵、生理盐水、抗生素。

【实验步骤】

犬、猫剖腹产术的适应症主要为犬、猫难产。在动物医院接诊过程中，发现有需要进行犬、猫剖腹产术的病例时，才会安排本实验。

1．麻醉　　静松灵全身麻醉。

2．保定　　根据手术切口的部位不同采用仰卧保定或侧卧保定。

3．手术操作

（1）术部定位　　剖腹产手术切口的部位主要有脐后腹中线切口和腹侧壁切口。脐后腹中线切口,前端定位在脐后约 1cm,切口长度一般为 4~8cm。该切口出血少,操作方便,易于切开与闭合,但易破坏乳腺,术后动物舔舐可造成创口裂开而不易愈合(尤其在猫)。腹侧壁切口,术后创口护理方便,伤口易于愈合,但手术操作稍复杂,且在子宫出现坏死时的子宫摘术手术难以进行。

(2)术部准备　术部按常规方法清洗、除毛、消毒和隔离。

(3)切开腹壁,暴露子宫　在腹中线或腹侧壁预定切口依次切开皮肤、皮下组织等。部分小型犬的乳腺较靠近腹中线,且在分娩前乳腺腺泡未充盈,不易辨认其轮廓。因此,选择腹中线切口切开皮肤时应特别小心不要切破乳腺。切开皮肤后,应用止血钳从中线向两侧推开乳腺组织,然后切开腹白线。通过腹侧壁或腹中线手术通路打开腹壁后,暴露子宫,并将一侧子宫角全引至切口外,用生理盐水浸湿的纱布围隔。

(4)切开子宫,取出胎儿　在子宫角大弯近子宫体上作纵切口。此处切口出血较少,且有利于两侧子宫角内胎儿的取出和胎盘的剥离,不会影响再次受孕。术者于子宫角大弯近子宫体的血管较少处,纵向切透子宫壁全层,撕开胎膜,取出胎儿,在距胎儿脐孔 1~2cm 处双重结扎脐带,并在两结扎线间剪断脐带,将胎儿交给助手处理。

取出胎儿后,应剥离子体胎盘,即向外持续缓慢牵拉胎衣,直至子体胎盘与母体胎盘完全分离。助手将邻近子宫切口的另一胎儿隔着子宫壁向切口方向轻轻挤压,术者手指伸入子宫切口内撕破胎衣,牵出胎儿。取出胎儿后,缓慢牵拉胎衣以分离子体胎盘。按此法依次取同侧子宫内胎儿,然后术者手指由子宫切口通过子宫体进入另一侧子宫角,牵拉另一侧子宫内胎儿的胎衣,同时助手在子宫外挤压胎儿,撕破胎衣,取出胎儿。在所有胎儿取出后,清除子宫内的积液、血块。

(5)缝合　子宫用 3/0~1 号肠线作两道缝合,第一道为全层连续缝合,第二道为间断伦勃特氏缝合。按常规方法闭合腹壁切口。

对于腹中线切口的腹壁缝合,应注意:①不要刺破切口两侧的乳腺组织,以防造成乳汁的渗漏。②个别动物对丝线的异物刺激作用比较敏感,可能在数月后缝线部位皮肤出现溃烂,甚至生成瘘管。因此,确保伤口不裂开的情况下,选用较细缝线;在缝合皮肤时尽可能地带有适量皮下组织以将下层的缝线包埋,以减少其对皮肤的刺激。

4. 术后护理　术后全身使用抗生素防止感染,局部涂擦活力碘,戴伊丽莎白圈防止舔舐伤口。7~10d 后拆除皮肤缝线。

【思考题】

1)剖腹产术的适应症主要有哪些?
2)术后护理过程中,主要有哪些注意事项?

实验十六　犬、猫膀胱切开术

【实验目的】

掌握犬、猫膀胱切开术的手术方法和术后护理。

【实验用品】

1. 实验动物 实习医院接诊实施膀胱切开术的犬或猫。

2. 仪器和用具 剃毛刀、肥皂、输液器、注射器、体温计、听诊器、无菌创巾、创巾钳、手术刀、手术剪、止血钳、持针钳、组织钳、缝合针、缝合线、无损伤可吸收缝线、止血纱布、灭菌手套、手术衣、口罩、帽子。

3. 药品 碘酊棉球、酒精棉球、脱脂棉球、静松灵、生理盐水、抗生素。

【实验步骤】

犬、猫膀胱切开术的适应症主要为膀胱或尿道结石、膀胱肿瘤的切除，在动物医院接诊过程中，发现有膀胱或尿道结石、膀胱肿瘤的切除病例时，才会安排本实验。

1. 麻醉 静松灵全身麻醉。

2. 保定 仰卧保定。

3. 手术操作

（1）术部定位 雌犬、猫在耻骨前缘腹中线上切口，雄犬、猫在腹中线旁2～3cm处作平行于腹中线上切口（包皮侧一指宽）。

（2）腹壁切开 术部常规剪毛、消毒，纵向切开腹壁皮肤3～5cm。雌犬、猫在术部依组织结构切开腹壁；雄犬、猫在切开皮肤后，将创口的包皮边缘拉向侧方，露出腹壁白线，在白线切开腹壁。腹壁切开时应特别注意防止损伤充满的膀胱。

（3）膀胱切开 腹壁切开后，如果膀胱充盈，采取穿刺的方法排空膀胱内蓄积的尿液，使膀胱空虚。用手指握住膀胱的基部，小心地把膀胱翻转出创口外，使膀胱背侧向上，然后用纱布隔离，防止尿液流入腹腔。在膀胱背侧选择无血管处切开膀胱壁，在切口两端放置牵引线。有的学者主张在膀胱前端切开膀胱壁为好，因为该处血管比其他位置少。不主张在膀胱的腹侧面切开膀胱壁，因为在缝线处易形成结石。如果是膀胱肿瘤，切口则应该围绕肿瘤进行环形切开，切缘应在距肿瘤0.5cm以上的位置。

（4）取出结石 使用茶匙或胆囊勺除去结石或结石残渣。特别注意取出狭窄的膀胱颈及近端尿道的结石。为防止小的结石阻塞尿道，在尿道中插入导尿管，用反流灌注冲洗，保证尿道和膀胱颈畅通。

（5）膀胱缝合 在支持缝线之间，首先选用库兴氏缝合法，对膀胱壁浆肌层进行连续内翻水平褥式缝合，然后选用伦勃特氏缝合法，对膀胱壁浆肌层进行连续内翻垂直褥式缝合。特别注意要保持缝线不露出膀胱腔内，因为缝线暴露在膀胱腔内能增加结石复发的可能性。应选择可吸收性缝合材料，如聚乙醇酸缝线。

（6）腹壁缝合 缝合膀胱壁之后，膀胱还纳腹腔内，常规缝合腹壁。

4. 术后护理

1）术后观察患犬、猫排尿情况，特别是在手术后48～72h，有轻度血尿或尿中有少量血凝块属正常现象。如果血尿比较多，而且较浓，应采取止血措施。

2）全身应用抗生素类药物治疗，防止术后感染。

【思考题】

1）犬、猫膀胱切开术的适应症是什么？
2）切开膀胱时应注意的事项有哪些？

实验十七　犬、猫尿道造口术

【实验目的】

掌握犬、猫尿道造口术的手术方法和术后护理。

【实验用品】

1. 实验动物　实习医院接诊实施尿道造口术的犬或猫。
2. 仪器和用具　剃毛刀、肥皂、输液器、注射器、体温计、听诊器、无菌创巾、创巾钳、手术刀、手术剪、止血钳、持针钳、组织钳、缝合针、缝合线、无损伤可吸收缝线、止血纱布、灭菌手套、手术衣、口罩、帽子。
3. 药品　碘酊棉球、酒精棉球、脱脂棉球、静松灵、生理盐水、抗生素。

【实验步骤】

犬、猫尿道造口术的适应症主要为犬、猫尿石症反复发作，在动物医院接诊过程中，发现有需要进行尿道造口的病例时，才会安排本实验。

1. 麻醉　静松灵全身麻醉。
2. 保定　俯卧保定。
3. 手术操作　术前如有可能，在阴茎内插入导尿管。把会阴部稍稍抬高，环绕阴囊和包皮做纵椭圆形切口，并切除皮瓣。向背侧后翻阴茎，并切除其周围结缔组织，向坐骨弓处阴茎附着物的腹侧和外侧扩大切口，锐性分离腹侧的阴茎韧带，横切坐骨处的坐骨海绵体肌和坐骨尿道肌，注意不要损伤阴部神经分支。向腹侧后翻阴茎，暴露其背侧尿道球腺，避免对阴茎的背侧位过度分离，以防损伤供应尿道肌的神经和血管。切除尿道上的阴茎缩肌，纵向切开阴茎尿道，超过尿道球腺水平约1cm。使用4-0可吸收缝线缝合尿道黏膜和皮肤，直至阴茎的2/3组织缝合到皮肤，然后切断末端，间断缝合剩余的皮肤。
4. 术后护理　在麻醉苏醒前，对患犬、猫装以伊丽莎白圈，以防犬、猫拔出导尿管或舔咬尿道造口。术后使用抗生素控制感染，1周后拔除导尿管。

【思考题】

犬、猫尿道造口术常用于雌性犬、猫还是雄性犬、猫，为什么？

实验十八　眼睑内翻矫正术

【实验目的】

掌握犬眼睑内翻矫正术的手术方法和术后护理。

【实验用品】

1. 实验动物　　实习医院接诊实施眼睑内翻矫正术的犬。

2. 仪器和用具　　剃毛刀、肥皂、输液器、注射器、体温计、听诊器、无菌创巾、创巾钳、手术镊、止血钳、手术剪、缝合针、缝合线、4号或7号丝线、止血纱布、灭菌手套、手术衣、口罩、帽子。

3. 药品　　碘酊棉球、酒精棉球、脱脂棉球、静松灵、生理盐水、抗生素。

【实验步骤】

犬眼睑内翻矫正术的适应症主要为眼睑内翻，是指睑缘部分或全部向内侧翻转，以致睫毛和睑缘持续刺激眼球引起结膜炎和角膜炎的一种异常状态。本病常见于沙皮犬、松狮犬、英国斗牛犬、圣伯纳犬等，多为品种先天性缺陷，并多见下眼睑内翻，需要施行手术进行矫正。在动物医院接诊过程中，发现有需要进行眼睑内翻矫正的病例时，才会安排本实验。

1. 麻醉　　静松灵全身麻醉。

2. 保定　　动物患眼在上，侧卧保定。

3. 手术操作　　通常采用霍尔茨-塞勒斯氏（Holtz-Colus）手术进行矫正。术前对内翻的下眼睑剃毛、消毒，放置眼部手术洞巾。在距下眼睑缘2～4mm处用手术镊提起皮肤，并用一把或两把止血钳钳住。钳夹皮肤的多少，应视眼睑内翻程度和恰好矫正而定。在钳夹皮肤30s后松脱止血钳，用手术镊提起皮肤皱褶，沿皮肤皱褶基部用手术剪将其剪除。剪除后的皮肤创口呈长梭形或半月形，常用4号或7号丝线行结节缝合，保持针距约2mm。术后10～14d拆除缝线。

4. 术后护理　　术后数天内因创部炎性肿胀，眼睑几乎出现矫正过度，即外翻现象，随着肿胀消退，眼睑缘将逐渐恢复正常。术后需用抗生素眼药水或眼药膏点眼，每天3～4次，以消除因眼睑内翻引起的结膜炎或角膜炎症状。同时，还需防止动物搔抓或摩擦造成术部损伤。

【思考题】

1）何为霍尔茨-塞勒斯氏（Holtz-Colus）手术？
2）犬眼睑内翻常发于哪些品种的犬，为什么？

实验十九 眼睑外翻矫正术

【实验目的】

掌握犬眼睑外翻矫正术的手术方法和术后护理。

【实验用品】

1. 实验动物　　实习医院接诊实施眼睑外翻矫正术的犬。

2. 仪器和用具　　剃毛刀、肥皂、输液器、注射器、体温计、听诊器、无菌创巾、创巾钳、手术刀、手术镊、皮肤活检穿孔器、缝合针、缝合线、4号或7号丝线、2~4号不可吸收缝线、止血纱布、灭菌手套、手术衣、口罩、帽子。

3. 药品　　碘酊棉球、酒精棉球、脱脂棉球、静松灵、生理盐水、抗生素。

【实验步骤】

犬眼睑外翻矫正术的适应症主要为眼睑外翻，一般是指下眼睑松弛，睑缘离开眼球，以至于睑结膜异常显露的一种状态。由于睑结膜长期暴露，不仅引起结膜和角膜发炎，还可导致角膜或眼球干燥。本病主要见于犬的部分品种，如拿破仑犬、圣伯纳犬、马士提夫犬、寻血猎犬、美国考卡犬、纽芬兰犬、巴萨特猎犬等，可以施行手术进行矫正。在动物医院接诊过程中，发现有需要进行眼睑外翻矫正的病例时，才会安排本实验。

1. 麻醉　　静松灵全身麻醉。

2. 保定　　动物患眼在上，侧卧保定。

3. 手术操作　　本病的矫正方法有多种，最常用的方法是V-Y形矫正眼睑外翻术。

（1）V-Y形矫正眼睑外翻术　　首先，下眼睑术部常规无菌准备。在外翻的下眼睑缘下方2~3mm处作一深达皮下组织的"V"形皮肤切口，其"V"形基底部应宽于眼睑缘的外翻部分。然后由"V"形切口的尖端向上分离皮下组织，逐渐游离三角形皮瓣。其次，在两侧创缘皮下作适当潜行分离。从"V"形尖端向上作结节缝合，边缝合边向上移动皮瓣，直到外翻的下眼睑睑缘恢复原状，得到矫正。最后，结节缝合剩余的皮肤切口，即将原来的切口由"V"形变成为"Y"形。手术常用4号或7号丝线进行缝合，保持针距约2mm。术后10~14d拆除缝线。

（2）圆形皮瓣矫正轻微眼睑外翻术　　应用皮肤活检穿孔器在距眼睑边缘3~4mm处移去几个圆形小皮瓣，在皮肤活检穿孔器移去皮肤的5~7mm处用2~4号不可吸收缝线进行垂直皮肤的结节缝合，关闭眼睑边缘。

4. 术后护理　　术后需用抗生素眼药水或眼药膏点眼，每天3~4次，维持5~7d，以消除因眼睑外翻继发的结膜炎或角膜炎症状，同时还需防止动物搔抓或摩擦造成术部损伤。

【思考题】

1）犬眼睑外翻常发于哪些品种的犬，为什么？

2）V-Y 形矫正眼睑外翻术和圆形皮瓣矫正轻微眼睑外翻术各自的优缺点是什么？

实验二十　犬、猫的卵巢、子宫切除术

【实验目的】

掌握犬、猫的卵巢、子宫切除术的手术方法和术后护理。

【实验用品】

1. 实验动物　　实习医院接诊实施卵巢、子宫切除术的犬或猫。

2. 仪器和用具　　剃毛刀、肥皂、输液器、注射器、体温计、听诊器、无菌创巾、创巾钳、手术刀、创钩、手术镊、止血钳、手术剪、缝合针、缝合线、无损伤可吸收缝线、止血纱布、灭菌手套、手术衣、口罩、帽子。

3. 药品　　碘酊棉球、酒精棉球、脱脂棉球、静松灵、生理盐水、抗生素。

【实验步骤】

犬、猫的卵巢、子宫切除术的适应症主要为雌性犬、猫绝育，健康犬、猫在 5～6 月龄是手术适宜时期，成年犬、猫在发情期、妊娠期不能进行手术。卵巢、子宫切除术也适用于卵巢囊肿、肿瘤，子宫蓄脓经抗生素等治疗无效，子宫肿瘤或伴有子宫壁坏死的难产，雌性激素过剩症（慕雄狂），糖尿病，乳腺增生等的治疗。这些疾病行卵巢、子宫切除术时，不受时间限制。卵巢、子宫切除术不能与剖腹产同时进行。如果手术是单纯的绝育手术，则只需摘除卵巢而不必切除子宫。在动物医院接诊过程中，发现有需要进行卵巢、子宫切除术的病例时，才会安排本实验。

1. 术前准备　　术前禁饲 12h 以上，禁水 2h 以上，对犬、猫进行全身检查，对因子宫疾病进行手术的动物，术前应纠正水、电解质代谢紊乱和酸碱平衡失调。

2. 麻醉　　静松灵全身麻醉。

3. 保定　　仰卧保定。

4. 手术操作

1）术部定位：脐后腹中线切口，根据动物体型大小，切口长 4～10cm。也可选择腹侧壁手术通路。

2）从脐后方沿腹正中线切开皮肤、皮下组织及腹白线、腹膜，显露腹腔，切口的大小依动物个体大小而定。用创钩将肠管拉向一侧，当膀胱积尿时，可用手指压迫膀胱使其排空，必要时可进行导尿和膀胱穿刺。

3）术者手伸入骨盆前口找到子宫体，沿子宫体向前找到两侧子宫角并牵引至创口，顺子宫角提起输卵管和卵巢，钝性分离卵巢悬韧带，将卵巢提至腹壁切口处。

4）在靠近卵巢血管的卵巢系膜上开一小孔，用 3 把止血钳穿过小孔夹住卵巢血管及其周围组织（三钳钳夹法），其中一把靠近卵巢，另两把远离卵巢；然后在卵巢远端止血钳外侧 0.2cm 处用缝线作一结扎，除去远端止血钳，或者先松开卵巢远端止血钳，在除去止血钳的瞬间，在钳夹处作一结扎；然后从中止血钳和卵巢近端止血钳之间切断卵巢系膜和血管，观察断端有无出血，若止血良好，取下中止血钳，再观察断端有无出血，若有出血，可在中止血钳夹过的位置作第二次结扎，注意不可松开卵巢近端止血钳。

5）将游离的卵巢从卵巢系膜上撕开，并沿子宫角向后分离子宫阔韧带，到其中部时剪断索状的圆韧带，继续分离，直到子宫角分叉处。

6）结扎子宫颈后方两侧的子宫动、静脉并切断，然后尽量伸展子宫体，采用上述三钳钳夹法钳夹子宫体，第一把止血钳夹在尽量靠近阴道的子宫体上，在第一把止血钳与阴道之间的子宫体上作一贯穿结扎，除去第一把止血钳，从第二和第三把止血钳之间切断子宫体，去除子宫和卵巢。松开第二把止血钳，观察断端有无出血，若有出血可在钳夹处作第二次贯穿结扎，最后把整个蒂部集束结扎。如果是年幼的犬、猫，则不必单独结扎子宫血管，可采用三钳钳夹法把子宫血管和子宫体一同结扎。

7）清创后常规闭合腹壁各层。

5．术后护理　　创口处作保护绷带，全身应用抗生素，给予易消化的食物，1周内限制剧烈运动。

【思考题】

1）什么是三钳钳夹法？

2）为什么卵巢、子宫切除术不能与剖腹产同时进行？

第六章　兽医产科学实验指导

实验一　未孕母畜生殖系统的直肠检查

【实验目的】

掌握母牛直肠检查技术并了解母畜生殖器官各部分的位置、性状、大小、质地等性状。

【实验用品】

1. 实验动物　　母牛1头。
2. 仪器和用具　　检查长手套、专用夹子、润滑剂。
3. 药品　　低浓度高锰酸钾。

【实验步骤】

1. 准备工作

（1）动物的保定　　本实验可采用柱栏保定和角柱保定的方法进行保定动物。

（2）检查者准备　　剪短指甲，洗净后单手穿戴专用检查长手套并在手套上涂以润滑剂。

2. 直肠检查

1）检查者侧身站于母牛臀部的后侧方（右手检查时站于左侧，左手检查时站于右侧），左（或右）腿向前踏半步，右（或左）腿在后斜向站立。使用未戴手套的手抓住尾巴拉到母牛一侧，或用专用夹子固定。

2）使用低浓度高锰酸钾清洗母牛肛部，后在肛门周围涂抹润滑剂，轻柔抚摸肛门，避免突然接触引起母牛应激。

3）将手指并拢成楔状，缓缓旋转插入肛门。

4）若有宿粪堵塞，可用手指扩张肛门将粪便掏出。掏出粪便时，手掌须展平，少量多次排出，切忌向外硬拉。掏出粪便后，应当再次向手臂涂以润滑剂，伸入直肠，继续探查欲检查器官。

5）手成功进入直肠后，依次探查母牛内部脏器性状，从外到里依次是骨盆骨、子宫颈、子宫、卵巢、输卵管及卵巢囊，方法见"第三章　兽医产科学实验基本操作"。

3. 注意事项

1）手臂进入直肠时，切忌用力硬推，这会造成肠壁损伤或穿孔，应当"紧停松进"缓慢进入。若遇母牛努责而不能继续操作时，可采用手指指捏母牛背部脊柱，或抚摸阴蒂，或抓提膝部皮肤皱襞，或喂给饲料，以减弱或停止努责。

2）在直肠内进行摸索时，只允许使用指肚，切不可用指甲乱扣、乱抓、乱划。当在直肠内寻找不到目的器官时,应间隔一定时间将手臂取出查看有无血迹,以便及时发现肠壁破损并及时进行医治和处理。

【思考题】

1)分析母牛直肠检查对临床检查的意义。
2)叙述牛直肠检查触摸卵巢的要领。

实验二　奶牛的发情鉴定技术

【实验目的】

掌握奶牛发情的常见表现及了解奶牛发情的鉴定技术。

【实验用品】

1. 实验动物　　母牛1头、公牛1头。
2. 仪器和用具　　略。

【实验步骤】

1. 外部观察法
(1)行为观察　　观察母牛爬跨或接受爬跨的行为,放牧牛群早晚各观察1次,饲养牛群每天观察3次以上,方法见"第三章　兽医产科学实验基本操作"。
(2)外阴观察　　发情母牛阴门会发生变化,表现各种症状,如阴门中排除清亮的黏液、举尾摇尾、阴门肿大潮红,方法见"第三章　兽医产科学实验基本操作"。

2. 发情爬跨监测　　标记被爬跨的牛,方法见"第三章　兽医产科学实验基本操作"。

3. 试情法　　根据母牛在接近公牛时的亲疏行为表现,判断其发情程度,方法见"第三章　兽医产科学实验基本操作"。

4. 阴道检查法　　使用阴道开张器打开母牛阴道观察其阴道黏膜的色泽和充血程度;子宫颈的弛缓状态;子宫颈外口开口的大小;黏液的颜色、分泌量及黏稠度等,以判断母牛的发情程度,方法见"第三章　兽医产科学实验基本操作"。

5. 直肠检查法　　将母牛妥善保定,触摸卵巢的大小、形状、质地及卵泡的大小、形状、弹性和卵泡壁厚薄等发育状况,方法见"第三章　兽医产科学实验基本操作"。

6. 激素测定法　　应用激素测定技术(放射免疫测定法、酶联免疫吸附测定法等),对母牛体液(血浆、血清、乳汁、尿液等)中生殖激素(卵泡刺激素、黄体生成素、雌激素、孕激素)水平进行测定,依据发情周期中生殖激素的变化规律来判定母牛的发情程度,方法见"第三章　兽医产科学实验基本操作"。

7. 离子选择性电极法　　利用母牛生殖道黏液中的无机盐电位变化,判断发情阶段,方法见"第三章　兽医产科学实验基本操作"。

8. 仿生学法　　模拟公牛声音和气味,判断母牛是否发情,方法见"第三章　兽医产科学实验基本操作"。

9. 子宫颈黏液结晶法 采集母牛子宫颈黏液，进行发情鉴定，方法见"第三章 兽医产科学实验基本操作"。

10. 子宫颈黏液透析法 采集母牛子宫颈黏液，进行精子质量鉴定，方法见"第三章 兽医产科学实验基本操作"。

11. pH 测定法 采集母牛子宫颈黏液，进行 pH 测定，方法见"第三章 兽医产科学实验基本操作"。

12. 电阻测定法 采集母牛阴道细胞，进行发情鉴定，方法见"第三章 兽医产科学实验基本操作"。

13. 颜色标记法 在母牛尾根处贴附一个盛有颜料的塑料薄胶囊，进行发情鉴定，方法见"第三章 兽医产科学实验基本操作"。

14. 记步器监测法 记录母牛发情期活动、爬跨、行程等，方法见"第三章 兽医产科学实验基本操作"。

15. 奶产量及体温变化测定法 记录母牛奶产量及体温变化等，方法见"第三章 兽医产科学实验基本操作"。

16. 闭路电视观察法 采用闭路电视系统检测牛的行为活动，方法见"第三章 兽医产科学实验基本操作"。

【思考题】

1）怎么提高母畜发情判断的正确率？
2）为什么发情母畜外阴及阴道会发生变化？

实验三　妊娠的超声诊断

【实验目的】

熟悉使用常见的超声仪器。

【实验用品】

1. 实验动物 母猪 1 头、母羊 1 头、母牛 1 头、母犬 1 只。
2. 仪器和用具 A 型超声仪、B 型超声仪、D 型超声仪、耦合剂。

【实验步骤】

1. 动物的保定
（1）猪　侧卧或站立保定。
（2）羊　侧卧保定，如站立探查必须将一后肢提起。
（3）牛　站立保定。
（4）犬　躺卧保定。

2. 超声检查

（1）探测部位

1）猪：猪的探测部位在倒数第一对乳头后上方或倒数第二对乳头的上方。

2）羊：羊的探测部位在乳房两侧或其前方，也可在左右乳区中间的少毛区域进行探测。

3）牛：牛的探测部位根据检查设备的不同，可将探头深入直肠或阴道进行探测。

4）犬：犬的探测部位在腹壁上。

（2）超声检查操作

1）猪：使用 A 型、B 型和 D 型超声仪探测，均可以判断是否妊娠，方法见"第三章 兽医产科学实验基本操作"。

2）羊：使用 A 型、B 型和 D 型超声仪探测，均可以判断是否妊娠，方法见"第三章 兽医产科学实验基本操作"。

3）牛：使用 A 型、B 型和 D 型超声仪探测，均可以判断是否妊娠，方法见"第三章 兽医产科学实验基本操作"。

4）犬：使用 A 型、B 型和 D 型超声仪探测，均可以判断是否妊娠，方法见"第三章 兽医产科学实验基本操作"。

【思考题】

1）试分析超声诊断妊娠的优越性。

2）叙述超声诊断妊娠的注意事项。

实验四　牛的妊娠诊断

【实验目的】

掌握动物配种之后妊娠与否和妊娠月份的诊断方法，以及与妊娠有关的其他情况。

【实验用品】

1. 实验动物　　妊娠母牛。

2. 仪器和用具　　保定器械、检查长手套、指甲剪、温水、毛巾、润滑剂等。

【实验步骤】

1. 准备工作

（1）动物的保定　　采用柱栏保定和角柱保定的方法。

（2）检查者准备　　剪短指甲，洗净后单手穿戴专用检查长手套并在手套上涂以润滑剂。

2. 临床检查

（1）问诊　　配种日期和配种次数；最后一次配种后是否再发情；配种以后，母畜食欲是否增进等。

（2）视诊　　进行外表观察和阴道视诊，方法见"第三章　兽医产科学实验基本操作"。

（3）听诊　　隔着母体腹壁听取胎儿心音，方法见"第三章　兽医产科学实验基本操作"。

（4）触诊　　隔着母体腹壁触诊胎儿及胎动，方法见"第三章　兽医产科学实验基本操作"。

3．直肠检查

（1）检查生殖器官　　探触腹腔卵巢、子宫、胎儿、羊膜囊、尿囊绒毛膜、子宫阜和子叶、子宫中动脉及子宫内容物，方法见"第三章　兽医产科学实验基本操作"。

（2）不同妊娠时期的变化　　分别探触 30d、45d、60d、90d、120d、150d、180d、210d 和 270d 不同妊娠期生殖器官的变化，方法见"第三章　兽医产科学实验基本操作"。

【思考题】

1）比较妊娠及未妊娠牛阴道检查的特点。
2）试分析牛妊娠后不同阶段生殖器官各部分的变化特点。

实验五　手术助产器械及其使用

【实验目的】

学会使用常用的助产器械，了解其主要用途和使用要点。

【实验用品】

绳导，牵拉、推送、矫正及截胎器械等。

【实验步骤】

1．绳导　　用来引导产科绳、钢绞绳或线锯条穿绕胎儿肢体的器械，常用的绳导有环状绳导（常用于小动物）和长柄绳导（常用于大家畜）两种，使用方法见"第三章　兽医产科学实验基本操作"。

2．牵拉器械

（1）产科绳　　矫正和拉出胎儿最必需的用具之一，使用方法见"第三章　兽医产科学实验基本操作"。

（2）产科链　　用途和使用方法与产科绳基本相同，使用方法见"第三章　兽医产科学实验基本操作"。

（3）产科钩　　胎儿的某些部分用手和绳子都无法牵拉时可用产科钩，包括长柄钩和短柄钩、肛门钩和复钩，使用方法见"第三章　兽医产科学实验基本操作"。

3. 推送器械 主要用于救治大家畜难产，常用的器械有产科梃及推拉梃，使用方法见"第三章 兽医产科学实验基本操作"。

4. 矫正器械 主要用于救治大家畜难产，常用的器械有推拉梃和扭正梃，使用方法见"第三章 兽医产科学实验基本操作"。

5. 截胎器械 死亡胎儿如无法完整拉出时可行截胎术，常使用的器械包括刀（隐刃刀、指刀、长柄指刀、产科刀、钩刀）、产科凿、剥皮铲、产科线锯和胎儿绞断器等，使用方法见"第三章 兽医产科学实验基本操作"。

【思考题】

列举各种手术助产器械的用途及操作注意事项。

实验六　剖腹产手术

【实验目的】

了解并掌握家畜剖腹产的准备工作及实际操作步骤。

【实验用品】

1. 实验动物　待剖腹产母畜。

2. 仪器和用具　略。

【实验步骤】

1. 术前准备

（1）手术场地的选择　手术台或洁净干燥的场地。

（2）家畜的准备　术部剃毛、清洗、消毒，检查全身情况。

（3）保定　站立保定或侧卧保定。

（4）麻醉　硬膜外腔麻醉，腰旁、椎旁传导麻醉或电针麻醉。

2. 手术操作步骤

1）术前检查，包括直肠检查、心脏听诊、瘤胃穿刺、静脉补液。

2）按照外科手术方法实施打开手术通路，进行主手术（取出胎儿），闭合手术通路，方法见"第三章 兽医产科学实验基本操作"。

3. 术后处理　定时检查病畜全身情况，方法见"第三章 兽医产科学实验基本操作"。

【思考题】

1）试分析剖腹产手术的适应症及手术要点。

2）简述剖腹产手术的注意事项。

实验七　乳房炎实验室诊断

【实验目的】

掌握并熟悉乳房炎诊断的基本方法。

【实验用品】

1. 试剂　　待检乳、烷基硫酸钠（或烷基烯丙基硫酸钠、烷基硫酸钾及烷基烯丙基硫酸钾）、氢氧化钠、溴甲酚紫、蒸馏水、二甲苯、吉姆萨染液、30%过氧化氢、溴麝香草酚蓝、无水乙醇。

2. 仪器和用具　　白色衬垫物、显微镜、塑料乳房炎检验盘、玻璃棒、离心管、离心机、移液枪、载玻片、盖玻片、胶头滴管、水浴锅、中性滤纸、直读式电导率仪。

【实验步骤】

1. 乳中细胞检验法

（1）加利福尼亚乳房炎检测（CMT）法　　将待检乳置于乳房炎检验盘中，加入检测试剂，观察判定，试剂配方、操作方法和判定标准见"第三章　兽医产科学实验基本操作"。

（2）白细胞分类计数法　　将待检乳离心，制作抹片，染色镜检，试剂配方、操作方法和判定标准见"第三章　兽医产科学实验基本操作"。

（3）过氧化氢酶法　　在载玻片上加入待检乳和检测试剂，观察判定，试剂配方、操作方法和判定标准见"第三章　兽医产科学实验基本操作"。

（4）氢氧化钠凝乳检验法　　在载玻片上加入待检乳和检测试剂，观察判定，试剂配方、操作方法和判定标准见"第三章　兽医产科学实验基本操作"。

（5）PL试验　　将待检乳置于塑料乳房炎检验盘中，加入检测试剂，观察判定，试剂配方、操作方法和判定标准见"第三章　兽医产科学实验基本操作"。

2. 乳汁pH检验法　　将待检乳和检测试剂充分混匀，观察判定，试剂配方、操作方法和判定标准见"第三章　兽医产科学实验基本操作"。

3. 乳汁物理检验法

（1）样品的采集及准备工作　　采集新鲜乳样，调整电导率仪，操作方法见"第三章　兽医产科学实验基本操作"。

（2）检验方法及判定标准　　将乳样置于水浴中加温，待乳样温度升至32～34℃开始检测，操作方法和判定标准见"第三章　兽医产科学实验基本操作"。

【思考题】

简述乳房炎的各种诊断方法及其要点。

实验八　精液品质检查

【实验目的】

了解并熟悉精液品质鉴定的常用方法和步骤。

【实验用品】

1. 试剂　　动物精液、伊红染料、苯胺黑溶液、0.29%柠檬酸钠、0.5%龙胆紫乙醇溶液、去离子水、7%葡萄糖、冰块、卵黄柠檬酸钠稀释液、亚甲蓝溶液、福尔马林磷酸盐缓冲液、2%甲醛柠檬酸钠、吉姆萨染液、苏木精染液、香柏油、二甲苯、牛肉浸膏、蛋白胨、磷酸氢二钾、氯化钠、琼脂粉、蒸馏水、血清（或无菌脱纤维血液）。

2. 仪器和用具　　集精杯、离心管、采精瓶、显微镜、载玻片、盖玻片、血细胞计数器、红细胞吸管（或白细胞吸管）、光电比色计、玻璃棒、试管、软木塞、棉花、保温瓶、50mL容量瓶、水浴锅、温度计、pH试纸、标准色板、细玻璃管（内径0.8～1.0mm，长6～8cm）、移液枪、脱脂棉、灭菌平皿、灭菌生理盐水、恒温箱。

【实验步骤】

1. 精液的感官检查

（1）射精量　　采用集精杯、离心管或采精瓶采集精液，测量其容量，操作方法和判定标准见"第三章　兽医产科学实验基本操作"。

（2）色泽、气味　　判定精液的色泽和气味，操作方法和判定标准见"第三章　兽医产科学实验基本操作"。

（3）云雾状　　肉眼观察精液的云雾状表现，判断其密度和活力，操作方法和判定标准见"第三章　兽医产科学实验基本操作"。

2. 精子密度　　采用估测法、计数法和光电比色计测定法计算精子密度，操作方法和判定标准见"第三章　兽医产科学实验基本操作"。

3. 精子活率　　显微镜检精子活率，操作方法和判定标准见"第三章　兽医产科学实验基本操作"。

4. 测定死亡精子的百分数　　显微镜检死亡精子的百分数，操作方法和判定标准见"第三章　兽医产科学实验基本操作"。

5. 冷冻精液中有效精子数　　显微镜检解冻精液中有效精子数，操作方法和判定标准见"第三章　兽医产科学实验基本操作"。

6. 精子畸形率　　制作精液抹片，显微镜检精子畸形率，操作方法和判定标准见"第三章　兽医产科学实验基本操作"。

7. 精子存活时间及指数的测定　　将待检精液和检测试剂充分混匀，进行活力检查，记录存活时间，试剂配方、操作方法和判定标准见"第三章　兽医产科学实验基本操作"。

8. 抗温时间的测定 将待检精液和检测试剂充分混匀，记录抗温时间，试剂配方、操作方法和判定标准见"第三章 兽医产科学实验基本操作"。

9. 精液酸碱度的测定 检测精液 pH，操作方法和判定标准见"第三章 兽医产科学实验基本操作"。

10. 亚甲蓝褪色试验 将待检精液和检测试剂充分混匀，记录褪色时间，试剂配方、操作方法和判定标准见"第三章 兽医产科学实验基本操作"。

11. 精子顶体完整率 制作精液抹片，染色，显微镜检查顶体完整率，试剂配方、操作方法和判定标准见"第三章 兽医产科学实验基本操作"。

12. 伊红低渗溶液试验 将待检精液和检测试剂充分混匀，计算细胞膜正常精子的百分率，试剂配方、操作方法和判定标准见"第三章 兽医产科学实验基本操作"。

13. 精液的细菌学检查 利用血琼脂平板进行精液细菌学检查，试剂配方、操作方法和判定标准见"第三章 兽医产科学实验基本操作"。

【思考题】

简述人工授精的器械及其准备、采精、精液的冷冻保存及输精等操作要点。